新思

新 一 代 人 的 思 想

宇宙发现之旅

从地球出发，直抵浩瀚宇宙的边缘

［美］尼尔·德格拉斯·泰森　［美］琳赛·尼克斯·沃克/著　高爽/译

TO INFINITY
AND BEYOND

中信出版集团｜北京

图书在版编目（CIP）数据

宇宙发现之旅 : 从地球出发，直抵浩瀚宇宙的边缘 /
（美）尼尔·德格拉斯·泰森，（美）琳赛·尼克斯·沃克
著 ; 高爽译 . -- 北京 : 中信出版社, 2024. 11.
ISBN 978-7-5217-6721-6

Ⅰ. P159-49
中国国家版本馆 CIP 数据核字第 2024Y4L561 号

宇宙发现之旅——从地球出发，直抵浩瀚宇宙的边缘

著者： 　[美]尼尔·德格拉斯·泰森，[美]琳赛·尼克斯·沃克
译者： 　高爽
出版发行：中信出版集团股份有限公司
　　　　　（北京市朝阳区东三环北路 27 号嘉铭中心　邮编　100020）
承印者： 　北京联兴盛业印刷股份有限公司

开本：787mm×1092mm　1/16　　　印张：17.25　　字数：153 千字
版次：2024 年 11 月第 1 版　　　　印次：2024 年 11 月第 1 次印刷
京权图字：01-2024-3651　　　　　　书号：ISBN 978-7-5217-6721-6
定价：128.00 元

献给人类中的探险家，
以及任何敢于追求令人恐惧的事物的先驱

目录

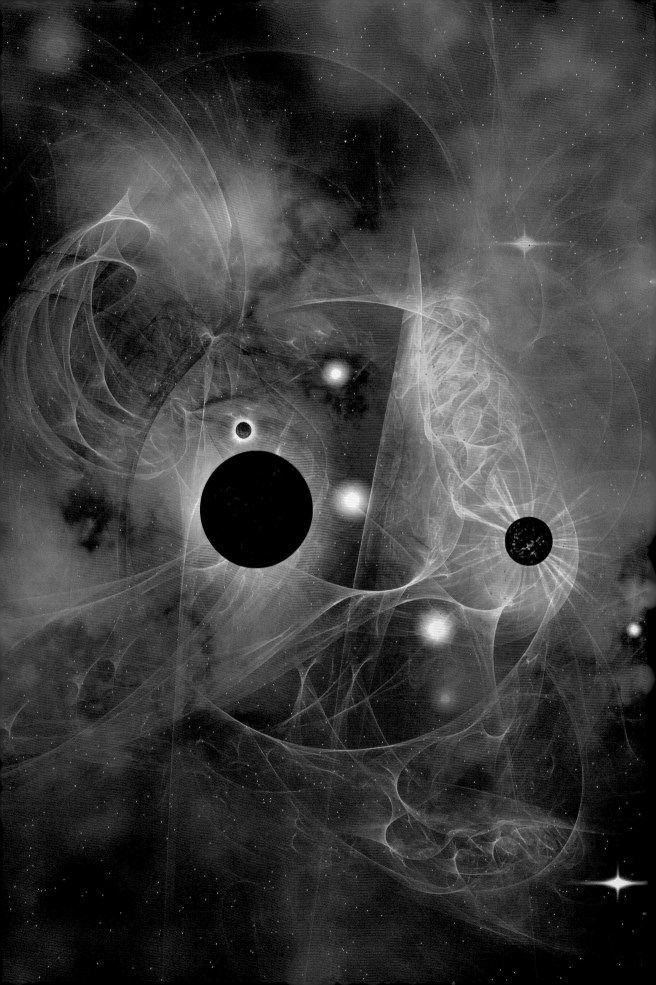

前言

宇宙奥德赛

很久以前，人类还不知道云层之上有什么存在。天空和星辰的世界只有神明居住，只有神话和寓言可以解释那里。但是，一系列的发现，夹杂着偶然、错误和死胡同，最终打破了这些原始的信念，赋予人类知识，以揭开奇异而又令人谦卑的真相。宇宙发现的史诗已经开始，而且一直在持续进行。慢慢地，人类的观念中出现了一个全新的宇宙，其中翻滚着各种分子，潜伏着巨大的黑洞，蜿蜒着各种大小和形状的空洞与星系，并暗示着有待探索的无尽奥秘。

在这本书中，我们邀请你和我们一起加入这段旅程，踏上从地球到无限甚至更远的身心之旅。是什么让人类从身体和心灵上逃离家园，翱翔于未知世界？是怎样的洞察力，怎样的勇气，怎样标新立异的想法，怎样的技术失败和成功，让我们拥有了今天的知识？在我们认知的边缘，又有哪些震撼人心的发现，让我们得以一窥尚待探索的浩瀚宇宙？这是一个关于人类与行星、恒星及宇宙飞船的复杂故事，我们将在这些书页中探索其中的错综复杂和古怪之处。

浩瀚、空旷、黑暗、寒冷，这些宏大而奇特的概念，对于银河系郊区的太阳系中一个身体温暖、刚刚进化的碳质生物来说难以理解。如果你还不知道地球绕着太阳转，而不是太阳围绕地球转，你就很难靠自己发现地球运动的真理。如果你不知道我们的太阳系包括八大行星、数十万颗小行星和数百万颗彗星，

美国国家航空航天局（NASA）詹姆斯·韦伯空间望远镜利用一种叫作引力透镜的自然效应，拍摄了这幅星系团 SMACS 0723 的近红外图像

宇宙发现之旅

你可能会认为只有地球和肉眼可见的五大行星构成了我们这个宇宙的偏僻角落。为了获得这些里程碑式的知识，我们必须离开这个偏僻的巢穴。

引力使地球保持完整，使月球与地球、地球与太阳紧紧相连，也使人类几乎一直被困在云层之下。我们无法轻易摆脱地球引力的束缚，也许正因为如此，1903 年莱特兄弟的首次动力飞行和 1969 年"阿波罗 11 号"的登月在人类最伟大的成就排行榜上名列前茅。从那时起，数以千计的卫星、数百个太空探测器、数十辆漫游车，甚至一架直升机都成功地从地球发射升空，将我们包括八大行星的太阳系变成了探险家的乐园。

> 这艘小飞船携带着一张金唱片，上面记录着地球及其物种的歌声和声音，向任何可能将它拦下来的人或物种问好，并传递人类的一种集体恳求，请对方将我们从与世隔绝的状态中拯救出来。

这个乐园还在继续扩大。2012 年，"旅行者 1 号"太空探测器进入星际空间，完全脱离了太阳系。但在此之前，它的探索之旅已将神秘的行星及其卫星变成了奇妙的世界。"旅行者号"的最后使命尚未完成，它很可能比人类能存在的时间更长。这艘小飞船携带着一张金唱片，上面记录着地球及其物种的歌声和声音，向任何可能将它拦下来的人或物种问好，并传递人类的一种集体恳求，请对方将我们从与世隔绝的状态中拯救出来。为了确认我们这些弱小的生物在这个伟大的、不断扩张的宇宙中占有一席之地，"旅行者号"继承了从第一批人类那里流传下来的无止境探索，他们想知道还有什么在等待着我们去触摸和观察。

从 2022 年开始，詹姆斯·韦伯空间望远镜（JWST）继续向外探索，向我们发送回图像，揭示有史以来最古老的光，提醒我们宇宙到底有多广阔。韦伯的"第一深场"图像揭示了数千个暗淡而遥远的星系，其中包括几个形成于 137 亿年前的星系，这些合成的图像让我们尽可能地接近了宇宙大爆炸。试着想象一下，向牛顿或伽利略解释这张图像，他们对地心宇宙的全新理解颠覆了整个基督教社会，震撼了知识和信仰的世界。想象一下，告诉他们我们不过是宇宙中万亿颗行星中的一颗，而宇宙没有有形的尽头。想象一下，与他们分享量子物理学和广义相对论是如何暗示，在我们自己的宇宙之外，可能还存在别的宇宙，无数个宇宙。

在阅读本书的过程中，这些故事将一一展开：从地球出发，穿过我们的太阳系，进入银河系，甚至更远的地方，这是一条与重力抗衡的轨迹。一路上，我们将目睹令人困惑的发现和意想不到的难题，它们曾让历史上最伟大的思想家们惊叹不已、困惑不已，迫使他们重新思考假设，更新世界观。我们甚至可能会在未知的深渊中发现一些概念，激发你自己的理解革命。

欢迎来到宇宙的奥德赛，这是一段惊心动魄、令人谦卑、充满乐趣的探索之旅，穿越时空，到达无穷无尽，甚至更远。

2024 年 9 月，哈勃空间望远镜观测到的螺旋星系 IC 4709，
展现出了微弱的光晕，以及充满恒星和尘埃带的旋转盘

第 一 章

离开地球

"我知道我本是凡人，昙花一现。追踪天体的往复律动时，
我心怀喜悦，身离俗世。我与宙斯同在，共饮仙酿。"

—— 托勒密 ——

《天文学大成》

至少从人类仰望星空开始，星空就一直在指引、启迪和鼓舞着人类。不知道是谁第一次梦想离开地球去探索远方，也不知道是谁第一次怀疑远方是否真实存在。但我们知道，太阳、月亮和闪闪发光的苍穹的诱惑在人类数千年的文化史中都有回响。

　　确凿的证据可以追溯到4万年或更久之前的洞穴壁画和岩石雕刻，这些原始艺术不仅记录了动物和猎人，还记录了彗星、流星和星座，其细节足以追踪地球在自转轴上的缓慢摆动，即岁差。在有着4 000年历史的古美索不达米亚（今伊拉克）的《吉尔伽美什史诗》（*Epic of Gilgamesh*）中，充盈着冒险、英雄、恶棍、浪漫和战斗，星座就像故事中的人物一样栩栩如生。在这部现存最古老的文学作品中，宇宙之线将凡人和仙界联系在一起，而时间和距离则由星辰的运动来衡量。

　　几千年来，人类一直合理地认为月球是一个平面的发光圆盘，会出现周期性的月圆月缺。直到17世纪，伽利略大胆地将他刚刚完善的望远镜转向天空，发现月球是具有纹理的球体，锯齿状的山脉沐浴在阳光下，倾斜的山谷笼罩在阴影中。从那一刻起，天空和其中的所有天体都成了具体的世界，是人类可能漫步的表面，只要我们能以某种方式穿越太空深处，这些天体都可以成为目的地。从那时起，尤其是到了20世纪，科学家、工程师、冒险家和政治家们竞相

章前图：利用美国国家航空航天局《蓝色大理石下一代图像集》的数据层创建的令人震撼的地球可视化图像

左图：葡萄牙阿尔克瓦暗夜保护区努达尔公园穆特加河上空的银河

攀登新的高峰。好奇心、竞争和急切的创新带我们穿越透明大气层的门户，并超越了它。

但是在我们能够穿透天空，知道它可以航行之前，人类首先必须发现天空是什么、不是什么，以及是否有尽头——如果有的话，尽头又在哪里。我们很快就会知道，我们的大气层不过是一个蓝色的气泡，它会消散在荒凉的真空中，那里没有我们舒适的地球中所含有的粒子、压力和光子。我们一步一步，一个问题接着一个问题，一个发现接着一个发现，穿过了气泡，到达气泡之外的世界。

在这一部分，我们将追踪人类从地球表面升空的英雄之旅。我们首先乘坐气球，再是螺旋桨飞机，接着是喷气式飞机，最后是火箭，一直抵达月球。我们将学会如何在大气层中穿行，如何克服长期以来束缚人类想象力的重力。

从很久以前风干褪色的洞穴壁画到今天墨迹未干的量子方程，我们从一种世界观上升到另一种世界观，在这样的过程中，好奇心、发现、动荡和反思循环往复，形成了这个尚未终结的故事。

宇宙之旅开始了。

地球的大气层

我们盼望着像鸟儿一样翱翔，在起飞愿望的驱使下，人类在古老的故事中飞上了天空。在许多文化的古代传说和神话中，人类飞行的故事层出不穷。亚历山大大帝经常被描绘成乘坐长着翅膀的战车，由四只神话中的狮鹫（狮身鹰翼鹰首兽）拉着腾空而起。考伊琴原住民的传说讲述了这样的故事：两个男孩对着独木舟唱歌，让独木舟从建造它的山顶飞过他们的村庄，飞向大海。古梵文史诗《罗摩衍那》和其他古印度典籍都描述了飞行的"维摩那"（vimana），即众神的自动战车。

最著名的人类飞行故事之一，是希腊神话中代达罗斯和他的儿子伊卡洛斯的故事。如果有人告诫过你不要飞得离太阳太近，他们就是在回顾这个古老的传说，警告你不要受到过度冒险和刺激的诱惑。

为了逃离克里特岛，工匠兼飞行员代达罗斯用蜡封粘的羽毛制作了两副翅膀：一副给自己，另一副给伊卡洛斯。他叮嘱儿子飞行时既不要太靠近大海，以免打湿羽毛，也不要太靠近太阳，以免高温熔化蜡。但是，年少叛逆的伊卡洛斯向着太阳越飞越高，直到翅膀上的蜡熔化，他坠入了无情的爱琴海中死去。这个警世故事比我们理解热力学、空气动力学和大气物理学的年代早了两千年，所以我们可以原谅故事中的不准确之处。伊卡洛斯肯定会死，但死因不是太阳的热量。

我们现在知道，伊卡洛斯和讲述这个故事的古希腊人并不知道，地球的大气层分为五层：对流层是所有动植物赖以生存和呼吸的地方，聚集了地球上四分之三的空气分子和99%的水蒸气。几乎所有的天气都出现在这一密度最大的层——根据纬度和季节的不同，对流层距离地球表面4~12英里[1]。由于地球的温度不断攀升，对流层的高度每十年会上升近200英尺[2]。在对流层的底部，即海平面，如今全球平均气温盘旋在59华氏度[3]左右。在对流层顶与平流层的交汇处，平均气温降至零下70华氏度，甚至更冷。

但是如果阳光在到达地球之前必须首先穿过大气层，而且如果通过向上飞行，你离太阳越来越近，那么对流层顶部区域不应该像伊卡洛斯这个故事的作者推测的那样，比海平面更暖和吗？任何到过高海拔地区的人都可以回答这个问题。事实上，他们的经验表明可能情况恰恰相反。登山者们知道，根据计算，每上升1 000英尺，平均气温下降约3.5华氏度。在珠穆朗玛峰基地营，春季白天的平均气温为60华氏度，夏尔巴人和登山者如果能活着到达顶峰，身边的气温会下降到零下20华氏度左右。事实证明，地球表面的温度波动与地球和太阳的距离完全无关，温度变化一定另有原因。

1　1英里约为1.6千米。——编者注（以下若无特殊说明，均为编者注）

2　1英尺约为0.3米。

3　华氏度与摄氏度的换算关系为：华氏度 = 32+ 摄氏度 ×1.8。

《伊卡洛斯的坠落》（1606—1607），卡洛·萨拉切尼（Carlo Saraceni）绘

　　我们先来看看伊卡洛斯离太阳有多近。我们假设他上升了10英里，这已经比任何飞机飞得都高了。太阳距离地球9 300万英里，那么伊卡洛斯飞得离太阳近了0.00001%。这么一点距离还不足以解释故事情节。

　　至于空气温度本身，我们必须首先掌握光和热之间的联系。我们的太阳发出电磁波谱中各种波长的光，为地球上几乎所有的生命提供能量。从长波长的柔和的无线电波到短波长的强烈的伽马射线，光谱是无穷无尽的。在长波和短波之间有一个狭窄的波段，我们称之为可见光，这是人眼能感知到的光谱的唯一部分。太阳等恒星散发出的近一半能量是可见光，一小部分是紫外线（UV，波长稍短），其余大部分是红外线（IR，波长稍长），我们感受到的是热。因此，地球上大多数动物进化出了能够感知无边界的电磁波谱中这些特定部分的复杂器官，这绝非巧合。

根据地球居民的进化过程，我们可以推测，环绕着不同类型恒星的另一颗行星上的外星人，也会发展出针对这种光组合的精密感知器官。环绕又冷又小的红矮星（银河系中最常见的恒星类型）的行星上的外星人，可能会看到他们的世界充斥着红外线，而难以感知高频的蓝色。

温度只是分子振动的一种度量，而所有分子都会振动。（在我们继续宇宙之旅的过程中，这是一个重要的事实。）任何温度高于绝对零度的物体，即宇宙万物，包括寒冷的冰山和最黑暗、最深邃的太空中的物质，都会释放电磁能。在较高温度下，发射的电磁能组合偏向于波长较短的光。温度越低，波长越长。太阳的平均表面温度约为 10 000 华氏度，在可见光频率上达到峰值，其他温度相近的物体也是如此。与此同时，地球上几乎所有的东西，包括我们 98.6 华氏度的身体和地球表面本身，都主要辐射波长较长（且不可见）的红外频率。这就是为什么晚上的篝火即使不再明显发光，第二天仍然会有余温。随着曾经烧得通红的煤块逐渐冷却，它发出的光的峰值频率会向下移动到更长的波长，并最终离开可见光谱。在你吃饱喝足后的很长一段时间里，这块煤炭依然暖烘烘的，充满了红外能量。

你是否注意到，正午的太阳处于最高点，但此时并不是一天中最热的时候，最热的时候出现在正午过后几个小时。我们在篝火中感受到但看不到的红外线，正是夏日午后闷热的原因。大气层会吸收太阳发出的部分红外光，并将其余的红外光传输到地球表面。但是太阳光最容易穿透空气的能量来自可见光，它可以毫发无损地穿透我们的大气层。我们的大气层对可见光是透明的，这一简单而深刻的事实让我们能够看到太阳、月亮和星座。

少量波长较短的紫外线也能穿透大气层和云层，这就是为什么黑色素缺乏的人即使在阴沉的日子里也要涂抹防晒霜，以避免晒伤和最终患上皮肤癌。当我们把脸转向太阳时，可见光和紫外线会与我们皮肤中的分子发生碰撞，激发其中的电子，将运动转化为热量，并将热量以红外辐射的形式散发出去。同样，地球表面的分子一旦吸收了各种波长的辐射，就会转化为红外线，并从地面重新发射出去。然后，红外能量通过大气层向上辐射，使吸收红外线的空气变暖。

七月的一天之所以感觉炎热，不是因为太阳从上面加热了空气，而是因为地面从下面加热了空气。因此，对流层最热的部分位于地球表面。

地球发射的大部分红外线在返回太空的过程中，会与大气层中特定的分子发生碰撞，并被这些分子吸收。吸收能量后，这些分子会向各个方向重新发射能量，包括返回地球，在地球上被重新吸收和发射。我们把这种持续往复的循环称为温室效应。在更小的范围内，这种效应与发生在真正的温室和所有车窗紧闭的汽车内是一样的。可见光穿透透明玻璃，在内部转化为红外线，然后红外线被允许可见光穿透的窗户阻挡而无法逃逸。这样，室内空气的温度就会大大高于外部空气的温度，从而创造出一种封闭的小气候，让热带花卉感到舒适，而对于无人看管的宠物和儿童来说，这却是致命的。除非有车载木槿花或无花果的习惯，否则即使在阳光微弱的日子里，也最好把车窗打开。

事实上，地球上的生命受益于温和的温室效应。如果没有温室效应，地球的平均气温将保持在冰点以下，地球表面将变成冰雪冻原，不会出现我们所知的生命。幸运的是，我们的大气层通过气流在很大程度上稳定了昼夜温差。而在没有大气层的月球上，其表面温度波动很大，从白天炙热的250华氏度到夜晚寒冷的零下200华氏度。

那么，可怜的伊卡洛斯究竟会怎样呢？他的第一个愚蠢之处在于不了解空气动力学：他根本不可能升空逃离克里特岛。我们可以从小天使和秃鹰身上得到启示。它们都有翅膀，重量也差不多。但是，秃鹰真的会飞，而且不需要文艺复兴时期的画家的帮助。因此，小天使如若要飞，就需要像秃鹰那样的10英尺的翼展。如果按比例放大到一个成年人的体重，那么伊卡洛斯就需要大十倍的翅膀，以及需要合适的胸肌来扇动翅膀。因此，如果伊卡洛斯想飞，他就会摔个四脚朝天。

撇开这一点不谈，如果伊卡洛斯真的朝太阳飞去，他的身体和翅膀非但不会熔化，反而会在

> **"** 事实上，地球上的生命受益于温和的温室效应。如果没有温室效应，地球的平均气温将保持在冰点以下，地球表面将变成冰雪冻原，不会出现我们所知的生命。**"**

上升的过程中冻结，从而注定也会摔个粉身碎骨。1920年，著名的天体物理学家阿瑟·爱丁顿爵士对这一传说做出了更为宽容的解释："也许伊卡洛斯还是有些可取之处的……我更愿意认为是他揭示了当时飞行器在结构上的缺陷。"

超越对流层

对流层，源于希腊语的 tropo，意为"变化"或"转弯"，其特点不仅在于对流层内天气多变，还在于对流层内的热量会随着高度的增加而流失。对流层再往上一层，即平流层，则具有完全相反的热现象：随着平流层高度的增加，温度也随之升高。那里一定有什么东西在吸收能量，增加空气分子的振动率。其起因是什么？平流层是臭氧层的所在地，臭氧层充满了高浓度的三原子臭氧分子（O_3），几乎可以全部吸收太阳光中最有害的紫外线。一个紫外线光子携带的能量刚好足以分解臭氧分子，将 O_3 变成 O_2+O。奇怪的是，同样的紫外线会分解 O_2，留下 $O+O$，让每个 O 原子与游离的 O_2 分子重新结合，恢复失去的臭氧：

$$O_3 +UV \rightarrow O_2 +O$$

$$O_2 +UV \rightarrow O+O$$

$$O + O_2 \rightarrow O_3$$

换句话说，臭氧层在分子裂解和重新形成的湍流舞蹈中与太阳的紫外线通量保持平衡。如果没有这个保护层，太阳的紫外能量会对地球表面任何生物的 DNA（脱氧核糖核酸）造成难以言喻的伤害。

再往上一层是中间层，流星体在这里燃烧，形成耀眼的流星。再上面是热层，国际空间站（ISS）和数以千计的卫星通过热层环绕地球运行。热层的密度只有海平面空气的百万分之一，但它承载着最多的太阳活动。这一层是美丽的北极光和南极光的家园。

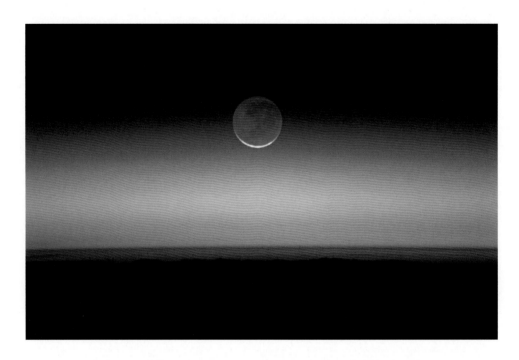

月球升出了橙色的对流层，也就是地球大气层最低、密度最大的部分。
对流层的尽头是对流层顶，也就是橙和蓝色大气层的分界线

热层之所以如此命名——thermo，这个词源于希腊语中的"热"——是因为从某种意义上说，热层是最热的一层。我们通过分子振动来测量温度，通过将所有驻留分子的振动能量相加来测量热量。分子在上层的振动速度最快，但这些分子非常稀疏，几乎无法附着于人体。事实上，你如果不先穿上太空服就进入热层，很可能在感受到明显的温暖之前就会因缺氧而窒息。

热层外围是外逸层，它是我们大气层的最后一层，也是最外层，其范围远远超过了其他所有区域的总和，只包含微量的大气分子。

▌空气的重量

你是否用过"轻如空气"这个短语？如果用过，你可能在描述的过程中忽

略了空气的重量。是的，空气是有重量的。这个重量表现为气体压强，也就是气压。下一个问题很明显：什么是压强？

每一天，压强都以重要或不重要的方式出现在你的生活中。你的菜刀锋利吗？你坐的椅子有多舒服？为什么你的高跟鞋比平底鞋更痛？简单来说，压强就是力（你的刀子、你坐在椅子上的屁股、你的整个身体等任何物体的重量）除以施加力的面积（刀刃的边缘、椅垫在你屁股上的轮廓、你可怜的脚趾）。换句话说，面积越小，给定力所产生的压强就越大。

那么，如果你必须穿越结冰的湖面，该如何做呢？将这一原则付诸行动。脚很小的人比体重相同但穿雪鞋的人更容易踩破薄薄的冰层，穿着雪鞋可以将体重分散到更大的面积上，对冰面减轻压强。还在担心吗？你最好的办法就是躺下，然后一英寸[1]一英寸地爬过去，将你的重量分散到整个身体的面积上。

如果空气的重量会产生气压，这就意味着空气会产生可测量的力。想象一

阿拉斯加北坡区的北极国家野生动物保护区附近，
一只北极熊凭直觉知道在冰群上移动所需的物理条件

1   1英寸约为2.54厘米。

下，你在海平面上，比如当地的海滩上，带着一个一英寸见方的空玻璃柱，将它的一端放在地面上，让上端像杰克的豆茎一样神奇地笔直向上生长，直到到达地球大气层的外部极限。现在，你以切割饼干的方式，已经切出一根长长的气柱。如果你把这根柱子里的所有空气放到天平上，它的重量将接近15磅[1]。这15磅的重量每天压在你身体的每平方英寸上。但是如果有人把15磅的重物放满你身体的每平方英寸，你就无法挺胸呼吸了。这到底是怎么回事？人类如何在如此巨大的压力下生存？

流体中的压力表现在各个方向，而不仅仅是向下。空气被归类为流体，这看似很奇怪。根据定义，流体按照容器的形状塑形，气体和液体显然都是如此。因此，向下压迫你身体的空气也必须像其他流体一样，在各个方向上表现出来。向下的压力与向上、向侧面和向四周各个方向的压力是一样的。所有这些力都被抵消了，而且假设你的肺里有空气，你根本感觉不到空气的重量。

如果以某种方式消除平衡力呢？使用过吸盘的人都做过这样的实验。当你把吸盘贴紧坚硬、光滑、平坦的表面时，你会发现很难把它拔起来。事实上，这正是吸盘的作用。吸盘越大，就越难把它从表面拔起来，即使没有胶水或其他黏性物质将其粘在上面。

为什么？因为吸力不是力，而是大气压力对真空的反应。现在，每平方英寸15磅的气压将橡胶吸盘推向其固定的表面，形成真空，并消除其背后的任何平衡力。因此，如果你的吸盘面积是10平方英寸，那么你要面对的大气压力就是10根柱子的空气。10乘以15磅意味着你现在必须施加150磅的力，也就是大概一个成年人的体重，才能松开吸盘。

气压在各个方向的作用相同，所以你的吸盘在任何方向都能发挥作用。在许多抢劫题材的电影中，鬼鬼祟祟的窃贼会使用吸盘鞋和手套攀爬墙壁与天花板，以躲避侦查或避免触发激光警报器。理想情况下，一些附加装置会将空气泵入或排出吸盘鞋，这样主人公就不用每走一步都要承受150磅的压力。

1　1磅约为0.45千克。

但是，流体的作用不仅仅是形成容器的形状。它们的另一个显著特性是其中的浮力。传说，公元前250年左右，古希腊数学家、叙拉古的阿基米德在古希腊的一个公共浴室度过愉快的时光时发现了浮力，并惊呼："尤里卡！（我找到了！）"

根据这个古老的传说，叙拉古僭主雇用了一位金匠，让他用事先称好的一块金子制作一顶王冠。金匠答应了，并很快完成了任务。僭主既多疑又贪婪，他想确定金匠是否偷了一些金子，换上了价值更低的银子。于是，他求助于以数学成就闻名的阿基米德，请他设计一个策略，以确定王冠的真伪和金匠的诚信。有什么地方比在浴室里更适合思考这个问题呢？当阿基米德把身体浸入盛满水的浴盆里时，他注意到浴盆里的水溢出来了，这时他意识到溢出来的水的体积与他浸入水中的身体部分的体积相等。

阿基米德知道黄金原来的重量，现在又知道了如何测量不规则形状物体的体积，因此他可以通过比较密度来确定真伪。密度是物体的质量（在阿基米德的例子中是重量）除以体积（或大小）。阿基米德得到了一块纯银和一块纯金，每块的质量（或重量）都与王冠的相同。然后，他将金块浸入装满水的碗中，测量金块流出的水量。然后，他用银块重复这个实验，并比较了两次测量结果。由于银的密度小于金，银块比相同质量的金块更大，流出的水也更多。为了完成实验，阿基米德最后把僭主的王冠放进了同一个装满水的碗里。如果王冠是由纯金制成的，它流出的水量就会与未成型的纯金块相同。但事实并非如此：它流出了更多的水。因此，阿基米德用他巧妙的新方法证明金匠确实欺骗了僭主——故事就是这么说的。

这种方法适用于任何流体中的任何物体。（万一你要验证一顶金王冠的真伪，知道这一点很有好处。）不过，这里面还有更多玄机。阿基米德在他的著作《论浮体》中写道，任何完全或部分浸入流体中的物体都会受到一个向上的力，这个力等于流体的重量，这就是浮力的原因。如果任何物体的重量小于它所排开液体的总重量，它就会浮起来。

对浮力的利用彻底改变了全球工业、政治和社会。例如，一块钢容易下沉，而一块木头容易漂浮，我们凭直觉就知道这一点。然而，自19世纪中叶以来，木制战舰已升级为钢铁战舰，满载武器装备和水手大军。以前很容易被炮火击沉的战舰，现在变得足以抵挡攻击。一个世纪后，海上航行不再险象环生，而是成为一种吸引人的休闲方式。每年都有数百万人兴高采烈地登上用钢材焊接而成的数千英尺长的游轮。这些巨大的船只之所以能漂浮起来，是因为包括中空内舱的所有空气和其他设施在内的总重量小于它们所排开的水的重量。

船上的人呢？就其本身而言，我们的肌肉和骨骼会下沉，而脂肪会漂浮。但是，成年人体内约有60%的H_2O（婴儿体内约有80%）。因此，一个健美运动员被扔到海里会更容易沉下去，普通人则更容易浮起来。

人体的整体密度与水相似，所以你排开的水的重量与你的体重差不多，这使得你在水中几乎没有重量。你不会像泡沫塑料或软木一样高高晃动，也不会像石头一样沉下去。但在死海，它的盐度几乎是普通海水的10倍，人都会浮在水面，即使是拥有六块腹肌的健身教练也不例外。盐形成的介质密度比普通海水高得多，因此作用在身体上的浮力也大得多。

> 在死海，它的盐度几乎是普通海水的10倍，人都会浮在水面，即使是拥有六块腹肌的健身教练也不例外。

阿基米德原理适用于任何流体，因此浮力在海洋和空气中都起作用。让我们回到你在大气中切出的一平方英寸见方的柱子。在柱子底部有15磅的压力。然而随着你的上升，压在你身上的空气越来越少。因此，气压会下降。

1644年，埃万杰利斯塔·托里拆利提出了一个革命性的主张："我们生活在空气海洋的底部，通过不容置疑的实验，我们知道空气是有重量的。"他重新做了一个连伟大的伽利略都感到困惑的实验。如果在一根30英尺长的管子里装满水，然后将管子倒置于装有更多水的盆子里，管子里的水只有一小部分会流到盆子里，管子顶端则会出现一段真空。伽利略认为，管子顶部的真空以某种方式牵引着水，使其无法完全排入盆中，但他未能证明自己的假设。

对此，托里拆利推论说，管子顶部的空隙确实是真空的，但它的真空状态

右图：此图描绘了意大利数学家和物理学家埃万杰利斯塔·托里拆利的气压计实验（1644），实验证明了大气压力的存在

与发生的情况无关。相反，他断言，周围和上方的空气正在向下挤压盆中裸露的水面。反过来，盆里的水又对管子中的水施加向上的压力，使其无法完全排空。托里拆利最终用水银代替水完善了同样的实验。水银的密度几乎是水的14倍，因此可以使用更小的管子和水盆来操作。

盆中水银池的大气压力越高，水银就会沿着管子往上爬得越高。大气压越低，从管子中溢出到盆中的水银就越多。用英寸来标记管子的高度，以量化所发生的情况，这就是世界上第一个水银气压计。（所以，下次当你听到气象人员用"毫米汞柱"来表示气压时，你就会知道他们在说什么了。这是托里拆利的功劳。）

试想一下，伽利略可能会对一个简单的吸管演示感到多么困惑。你把吸管浸入饮料并用手指盖住吸管顶端，当你抽出吸管时，大部分液体仍留在吸管内。这并不是因为你的手指和吸管内的液体之间存在某种神秘的真空，而是因为吸管外的所有气压都从下往上推。你的手指切断了来自上方的压力，这种压力原本是平衡对液体的作用的。

在托里拆利发现大气压力后不久，一位名叫布莱兹·帕斯卡的法国数学家被这种空气压在盆上的假设所吸引，他提出，如果空气压在盆上，那么空气较少的地方，如山顶，压下的空气会减少，从而使更多的水银从管子中溢出，进入盆中。他说服家人把一个巨大的水银气压计搬到附近最高的山峰多姆山的山顶，一路上测量。令他高兴的是，随着他的攀登，越来越多的水银流入盆中，这表明大气压力随着海拔的升高而下降。

由于发现空气具有可测量的重量，而且重量会随着高度的增加而减少，地球人很快就摸索出了新的办法让我们在天空翱翔，就像伊卡洛斯在临死前所做的那样。

升空的梦想：气球

第一艘载人升空的飞船的设计源自中国古代技术：孔明灯，一种装有小油灯

泰国北部的传统节日天灯节期间，金色的灯笼照亮夜空

或蜡烛的飘浮气球。孔明灯的历史可追溯到中国三国时期，最初用于战争，向己方军队发送信号，抑或迷惑对手。如今，它们被称为天灯，在世界各地的节庆活动中出现，比如印度教等庆祝的排灯节和泰国北部的传统节日天灯节。

最初的孔明灯是用纸或布做成的茧状物，将加热的空气堵在火焰上方。当一种物质受热时，其分子会加速振动（请记住，温度只是这种运动的一个度量）。充满活力、快速运动的空气分子需要更多的空间来摇摆和抖动，因此它们所占据的体积会随着彼此向外移动而扩大，使气球内空腔的密度低于周围空气的密度。灯笼内裹着的热空气在周围密度较高的空气海洋中带着蜡烛上升。灯笼继续上升，一直到周围越来越稀薄的空气达到与整个灯笼本身相同的密度，或者直到蜡烛燃尽。

如果让你回忆最早的航空先驱，你可能会想到莱特兄弟。但是在奥维尔和威尔伯于1903年在北卡罗来纳州基蒂霍克起飞的一个多世纪前，一对法国兄弟就已经用他们的"气动地球仪"（更为人熟知的名字是热气球）开启了人类航空史。这些飞行器所依赖的浮力物理学原理与中国古代的孔明灯相同，但它们使用了一个足够大的吊篮，可以把人悬挂在下面。

1783年，约瑟夫－米歇尔·蒙戈尔菲耶和雅克－艾蒂安·蒙戈尔菲耶兄弟在法国南部测试了第一个这样的气球。他们还招募了第一批知名的"飞行员"：一只羊、一只鸭和一只公鸡。这个奇特的组合飞行了八分钟，航程两英里，之后安全返回地球，开创了人类飞行的时代。

将近一个世纪后，气象学家、天文学家詹姆斯·格莱舍与气球驾驶专家亨利·考克斯韦尔合作，进行了一次几乎致命的飞行实验。格莱舍决心弄清气球能把人带到多高的高度，以及在飞行途中能学到什么有关大气和气压的知识。在1871年出版的《空中旅行》(Travels in the Air) 一书中，格莱舍问道："空气海洋的波涛，在其无名的海岸内，难道不包含着无数注定要在化学家、气象学家和物理学家手中得到发展的发现吗？"

到了维多利亚时代，实验者们认识到，用气泵打满一种本身比空气轻的气体，气球可以比普通热空气升得更高、更快，而且不用加热。当时，大多数气球制造者使用的是普通煤气这种为厨房炉灶提供动力的东西，因为它含有氢气、甲烷和一氧化碳的低密度混合物。格莱舍和考克斯韦尔利用他们的煤气气球升到了35 000多英尺的高空，然后因在低压空气中缺氧而失去知觉，他们的皮肤也因冻伤而变黑。他们还患上了减压病 (decompression sickness)，又称"屈肢症"——与潜水员上浮过快时的症状类似。他们这样做是为了科学。虽然他们在实验中濒临死亡，但他们的情况比伊卡洛斯的要好很多，后者实际上死于实验。

根据考克斯韦尔和格莱舍的气压计以及气球上其他仪器所显示的，他们要么到达了平流层，要么非常接近平流层。他们如果能够继续上升，就会在地球大气层的下一层发现有趣的数据。不过，每个浮力气球都有一个高度极限，超过这个高度就不再上升。只要气球及其有效载荷的密度小于周围大气海洋的密度，气球就会上升。不过，当到达密度相等的高度时，气球就会像海面上的浮标一样摇摆不定。

" 有了这些气球，我们就能根据每小时的天气预报知道棒球比赛是否会被取消，美国国家航空航天局是否会继续发射火箭，以及出门之前是否应该戴上遮阳帽或耳罩。"

如今，气象学家经常发射气象气球，气球上没有蜡烛、农场动物或人类，而是装有专门用于监测气压、温度和相对湿度的仪器。有了这些气球，我们就能根据每小时的天气预报知道棒球比赛是否会被取消，美国国家航空航天局是否会继续发射火箭，以及出门之前是否应该戴上遮阳帽或耳罩。

费利克斯·鲍姆加特纳和太空的边缘

2012年10月14日，在格莱舍和考克斯韦尔的惊险实验结束一个多世纪之后，一个名叫费利克斯·鲍姆加特纳（Felix Baumgartner）的奥地利跳伞敢死队队员打破了多项世界纪录，被全美头条新闻誉为"从太空边缘一跃而下"。他乘坐氢气球升入平流层，然后自由落体返回地球表面，创造了人类驾驶气球升空的最高纪录和跳伞的最高纪录（从大约24英里的高空跳下）；他还成了第一个在没有发动机帮助的情况下突破声障的人。但他并不是从太空跳下来的。

鲍姆加特纳以每小时844英里的速度坠落地球，这一壮举之所以成为可能，是因为平流层和对流层上部的空气分子稀少，而空气分子会使他的速度减慢。相比之下，低层大气的空气密度较高，限制了人体的最终速度，也就是空中跳伞的最快速度（大约为每小时120英里）。鲍姆加特纳的高度确实很高，以至于

2012年，在新墨西哥州罗斯韦尔，奥地利飞行员费利克斯·鲍姆加特纳准备从 39 455 米的高空跳下，这是"红牛平流层计划"的第二次载人试飞

他在表演特技时不得不穿上加压服。但他不是宇航员，也就是说，他没有接近我们所说的"太空"。如果要获得宇航员这个称号，他必须从两倍以上的高处跳下。因此，由咖啡因含量极高的饮料"红牛"赞助的"太空边缘一跃"，极度名不副实。尽管鲍姆加特纳完成了令全世界为之倾倒的惊人壮举，但如果把地球

缩小到教室里的地球仪，鲍姆加特纳跳下的高度也不过是一毫米而已。

大多数关心这些事情的人认为，"太空"始于海平面以上100千米处。这一高度被称为卡门线，是以美籍匈牙利空气动力学家西奥多·冯·卡门（Theodore von Kármán）的名字命名的。在自传（1967年出版的遗作）中，他将其描述为"一个物理边界，空气动力学在此停止，而宇航学在此开始"。简单解释一下就是，在没有空气的地方，飞机不再工作，因为它依靠空气掠过机翼来获得升力。在卡门线以上，你需要火箭。

卡门又进一步补充道："在这条线以下，太空属于每个国家。超过这条线，就是自由空间。"但事实证明，地球的大气层并没有划分成四舍五入的公制单位。因此，100千米的"边界"虽然是圆的，但实际上非常模糊；卡门本人曾建议降低高度。随着人们对地球大气剖面有了新的认识，这个问题已经争论了几十年。

亿万富翁的"太空竞赛"

2021年7月，在人类首次登上月球半个世纪后，几位亿万富翁吸引了全世界的目光，这一事件被描绘成一场新的太空竞赛。这一次，这场竞赛不是为了发现人类从未见过的东西而进行的战争竞赛，而是世界上0.0001%的人为了个人利益而将航天事业商业化的竞争。维珍集团和维珍银河航天器公司的创始人理查德·布兰森成为第一个飞往太空（某种定义下）的亿万富翁。他和他的机组人员乘坐"团结号"宇宙飞船到达54英里的高空，在那里享受了几分钟的失重状态，然后滑翔返回地球。之后，在地球上，加拿大著名宇航员克里斯·哈德菲尔德将人人梦寐以求的宇航员之翼别在布兰森的胸前，这表明他是一个极为特别的俱乐部的成员。但布兰森真的是宇航员吗？

九天后，亚马逊网站和航天器公司"蓝色起源"的创始人杰夫·贝索斯发射了自己的亚轨道飞行器"新谢泼德号"（以第一个进入太空的美国人艾伦·谢泼德的姓氏命名）。它刚好到达100千米的卡门线上方——贝索斯也获得了宇航员之翼。

这些人真的是太空旅行者吗？太空有真正清晰的边界吗？太空到底从哪里开始？

根据非政府国际航空运动管理机构国际航空联合会（FAI）的说法，外层空间始于100千米的卡门线。然而，美国联邦航空管理局、美国军方和美国国家航空航天局目前将太空的边缘定得更低，称任何飞行高度超过50英里的人均为宇航员。

看来，无论是公制单位还是英制单位，人们都有强烈的冲动为卡门线使用整数。卡门本人宣称，太空边缘的高度为275 000英尺，约为52英里。也许美国对太空的定义应该以卡门的数据为准。

无论这些定义背后的意图是什么，事实是它们都没有实际的科学意义。边界不管是什么，都仍然是模糊的；"太空"和"非太空"之间没有绝对的区别。事实上，科学家们最近在月球轨道之外探测到了地球大气层的缕缕痕迹。因此，如果我们想用"没有大气层"来定义"太空"，那么我们的月球仍然在地球的大气层内，也还没有人在太空中探索的高度足以使其称为宇航员。

最终，贝索斯和布兰森都被剥夺了宇航员之翼，不是因为高度问题，而是因为美国联邦航空管理局在他们飞行后立即对"宇航员"做出了更严格的定义，这对各地的太空亿万富翁们造成了重大打击。现在，宇航员除了要达到50英里以上的高度外，还必须"在飞行过程中展示了对公共安全至关重要的活动，或对人类太空飞行安全做出了贡献"。

从飞机到火箭

如果我们希望像卡门本人建议的那样，将太空的边界定义为普通飞机无法再保持高空飞行的区域，那么我们首先应该了解飞机是如何完成高空飞行这一壮举的。

飞机能够飞行，不是因为克服了空气密度，而是因为借助了空气密度。飞机在穿过大气层时，会撞上无数的分子。飞机机翼上部弯曲，下部较平，这使得空气分子在机翼上部的流动速度快于在机翼下部的流动速度，进而使机翼上部的压力低于机翼下部。这遵循了以瑞士数学家丹尼尔·伯努利的姓氏命名的伯努利定理，该定理认为流体运动得越快，施加的压力就越小。

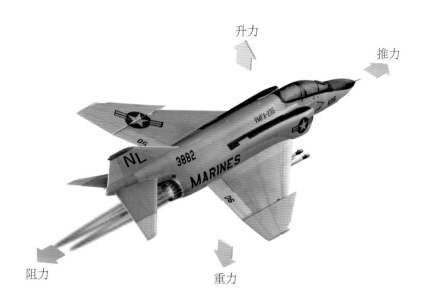

这些箭头形象地表示了飞机在飞行过程中受到的力：升力、重力、推力和阻力

流体倾向于从高压区域向低压区域移动，空气的行为也与流体类似。当机翼上方存在较低气压环境时，机翼下方的空气颗粒会向上冲，从而产生升力。与此同时，重力会将飞机向下拉，空气分子的摩擦力会造成阻力。不过不用担心。在等式的另一端，巨大的发动机（螺旋桨或喷气式飞机）在推动飞机前进时产生推力，在机翼上形成并维持压力差，从而维持升力。商用飞机通常在3万英尺以上的高空飞行，这里的大气颗粒阻力最小，但空气密度足以让飞机保持每小时500英里以上的飞行速度，而无须消耗大量燃料。

顺便提一下，飞机和火箭的一个重要区别是，飞机引擎是借助从大气中吸取的氧气来燃烧燃料的。在地球大气层外飞行的火箭必须使用自给式氧化剂，火箭发动机可以自行燃烧燃料，完全不需要大气中氧气的帮助。

火箭科学和最大 Q 值

对于火箭科学家来说，地球大气层只是宇航员通往外太空的一个障碍。穿过对流层往上，空气会越来越稀薄，飞机的升力也会越来越小。但是如果飞机有一个非常强大的发动机，它就能产生足够的推力，不需要伯努利的帮助，自己就能抵消重力。这正是火箭能做到的。

在火箭发射过程中，升空约一分钟后，飞行控制中心会宣布来到"最大 Q 值"时刻，即最大动压时刻。这是发射过程中最危险的时刻。大气阻力会对火箭造成压力，并随着火箭速度的增加而增加。当火箭冲过稠密的大气层时，大气层也会反击（我们现在都知道，反击背后是有重量的）。如果火箭在这一区域移动速度过快，火箭就会被击成碎片。然而，随着火箭飞行高度的增加，可产生阻力的空气越来越少。

火箭发射后，会立即在厚厚的海平面大气层中缓慢移动。这里的压力并不大，因为火箭的速度还没有快到令人担忧的程度。几分钟后，火箭位于稀薄的空气中，这里也没有太大的压力。在这两个区域之间有一个点，在那里火箭的速度和它所穿过的空气产生了最大压力。这个点就是最大 Q 值。

发射地点：韵律和理由

在寻求进入轨道时，发射火箭的最终目标并不是一路向上和离开地球（尽管在地面上的普通观察者看来确实如此）。你可能认为美国国家航空航天局在20世纪60年代末只是将"土星5号"火箭对准月球，然后直线发射。事实上，"阿波罗号"宇航员从佛罗里达州卡纳维拉尔角向东发射，绕地球一周半后才向月

为什么会有棒球曲线球？

　　无论棒球投手是否知道，他们利用的原理与飞机保持高空飞行的原理是相同的。投手精心投出的曲线球，通过在旋转球的一侧和另一侧产生压力差，让击球手无所适从。就像飞机的机翼一样，球的压力较高一侧的空气将球推向压力较低的一侧。要投出完美的曲线球需要勤奋练习。经过足够的练习，投出的球的轨迹在偏离原本可能到达的地方之前，应该看起来就是一个典型的易被击中的快速球，而这会让最老练的击球手也手忙脚乱或被三振出局。

　　提高曲线球命中率的一个有效但不合规的方法是在球的一侧蹭一下，使其"抛出"更多的空气，而单靠球的缝线来旋转起不到这个效果。影响曲线球的另一个因素是球飞行时的空气密度。在丹佛一英里高的库尔斯球场等地，空气比海平面稀薄 20%，因此曲线球的效果不如波士顿芬威公园球场。而在稀薄的火星大气中，气压只有地球的 1% 左右，曲线球根本骗不了任何击球手。

　　所有适用于棒球的描述同样适用于足球。当一个技术娴熟的踢球者用故意增加旋转的技术踢球时，非同一般的曲线轨迹会随之而来，有时会让整个防守队上当受骗而站错位置。

球进发。以这种方式出发的原因有很多，其中之一就是利用地球的自转，在赤道上可以免费享受每小时 1 000 英里的起跑速度。

　　从零加速到每小时 17 000 英里（航天器进入地球轨道的速度）的最有效方法是利用地球的自转速度。在赤道（北纬 0°，南纬 0°）上，正东方向的

"机智号"火星直升机

　　飞机和直升机利用相同的力来维持飞行。直升机旋转的螺旋桨（或称旋翼叶片）同时提供升力和推力。飞机必须先在长长的跑道上急速滑行，使机翼上方有足够的空气，从而使伯努利定理发挥作用。商用喷气式飞机的时速要接近200英里，才会有足够的升力将乘客送上高空。直升机则是用长长的桨叶带动原本静止的驾驶舱。与飞机机翼一样，直升机桨叶通常上部弯曲，下部较平，目的是产生压力差，从而提供升力。它们也可以倾斜一定角度来达到同样的效果。只要直升机桨叶提供的升力大于机身和牵引乘客的总重量，它就能保持在高空，几乎可以在任何地方起降，而不需要跑道。直升机用速度和动力换来了便捷与机动性。

　　美国国家航空航天局的"毅力号"火星探测器搭载了一架四磅重的小型直升机，并将其命名为"机智号"（右图为艺术家的效果图）。2021年春天，"机智号"成为第一架在其他星球上飞行的飞机。由于火星的大气层比地球稀薄，厚度只有地球的1%，这次飞行相当于在地球上空16英里（几乎是巨型喷气式飞机能达到的三倍）的高度飞行。根据记录，直升机飞行高度的最高纪录是在珠穆朗玛峰顶约5.5英里的高空，那里的空气密度仅为海平面的三分之一；超过这个高度，在稀薄的空气中，重力的负担就会超过旋翼叶片所能产生的推力。因此，"机智号"直升机必须重量轻，相应的桨叶也必须巨大，旋转速度能够比一般的地球直升机快10倍。

时速大约为 1 000 英里。在地球每天 24 小时的自转过程中，赤道（地球周长最大的地方）要比其他周长较小的纬度飞行更多英里数。在卡纳维拉尔角（北纬28°），速度降至每小时约 915 英里。纽约市（北纬 41°）：时速 780 英里。伦敦（北纬 51°）：时速 650 英里。奥斯陆（北纬 60°）：时速 520 英里。与此同时，在北极（北纬 90°），圣诞老人只是在原地旋转。

你也是那种喜欢游乐场旋转木马带来的刺激和恐惧的淘气孩子吗？如果是的话，你可能会说服你的朋友们尽可能快地转动圆盘，而你则紧紧抓住不放。你会注意到，平台转得越快，你就越觉得自己在向外飞。为了弥补这种感觉，也许你会蹲在旋转木马的中心附近，用尽全力抓紧横杆。无论你是在公园旋转木马的边缘，还是在太阳系行星的表面，这种从旋转物体中向外飞的感觉都被称为离心力，尽管它根本不是一种真正的力。它只是你想沿着切线飞出去的倾向，但对你来说就像是一种力。

在地球赤道上，地表移动最快，离心力最强。那么，为什么厄瓜多尔人、新加坡人、加拉帕戈斯象龟和其他赤道地区的居民不需要用尼龙搭扣紧贴地面，以免飞出去呢？答案只有一个：地心引力。然而，这并不意味着离心力不存在。它体现在人们体重的减轻上。在赤道上，每个人的体重都比在世界其他地方要轻一点。如果圣诞老人在北极时的体重是 400 磅，那么他在厄瓜多尔送礼物时的体重就只有 399 磅。这点差别不足以引起注意，几乎不值得一提。

如果地球突然停止自转，那么世界上所有与地球表面没有其他连接的人都会摔倒，并以指定的速度向正东方向滚去。纽约以南和新西兰北部的任何人都会用他们的身体打破陆地速度纪录。与此同时，圣诞老人的工作坊不受影响。

> 为什么厄瓜多尔人、新加坡人、加拉帕戈斯象龟和其他赤道地区的居民不需要用尼龙搭扣紧贴地面，以免飞出去呢？答案只有一个：地心引力。

让我们来做一个思想实验（顺便说一句，这是爱因斯坦最喜欢的练习）。如果地球开始越转越快，离心力就会不断增加，就像在你的旋转木马上一样。在一定的速度下，离心力会变得非常大，以至于完全抵消重力。这些力相互抵消，使你失重，悬浮在地面之上。这个速度大约是每小时17 500英里。如果地球以这样的速度旋转，一天将持续一个半小时，而不是24小时。我们以前见过这样的速度。这与达到低地球轨道（LEO）的速度差不多，这绝非巧合。

在瑞典的链式秋千上，离心力将游客送入空中

在伽利略证明这一点之前，人们似乎认为，如果地球确实在太空中飞行，并在飞行过程中旋转，我们就会感觉到它的存在。毕竟，如果人们连乘坐最平稳的马车都能感觉到每一次颠簸、摆动和抖动，那为什么地球带来的感觉会不同呢？我们的祖先认为，太阳、月亮和行星都在围绕着我们旋转，因此我们必须静止在繁忙的宇宙中心。他们不明白的是，飞船越大，运动就越平稳。随着飞行越来越平稳，运动也越来越难以察觉。

如前所述，当火箭离开地球时，它会获得与发射台纬度处地球自转速度相

好莱坞科学
火星尘暴

2015 年上映的科幻大片《火星救援》(*The Martian*) 改编自安迪·威尔的同名小说，由马特·达蒙主演。宇航员马克·沃特尼被困在火星上，在一场巨大的沙尘暴之后，他被同伴们抛弃。众所周知，火星上的沙尘暴有时会持续数月之久，有时甚至会吞噬整个星球。被放逐的沃特尼走投无路，只能"科学地"求生，直到救援飞船来救他。沙尘暴的危险风朝着他所在团队的发射地点聚集，碎片狂砸他们的火箭，并有可能倾覆执行任务的上升飞行器。船长假定沃特尼已经死亡，决定带着剩下的船员逃离火星。

的确很戏剧化。但在真实的宇宙中，火星沙尘暴就像一阵微风，根本不足以掀翻一个人，更不用说整艘飞船了。好莱坞忽略了火星大气的动态压力。虽然火星沙尘暴的阵风可以达到狂风的速度，但火星的大气压力大概仅为地球的1%，对火星探险者来说，真正的威胁只是能见度降低，或许还有空气过滤器堵塞。如果《火星救援》描绘的是一场完全准确的火星沙尘暴，马克·沃特尼和他的同伴们可能会在一片红色的雾霾中四处摸索，寻找通往上升飞行器的梯子。

但沙尘暴并非没有威胁。漫天飞舞的沙尘一次可能持续数周，几乎遮挡了所有的阳光。如果这样的沙尘暴发生在他们旅程的开始而不是结束时，那对船员来说可能意味着灾难。他们栖息地的空气过滤系统最终会被灰尘堵塞，他们所有的太阳能电池都会慢慢耗尽。

科学史

"挑战者号"的灾难：最大 Q 值的悲剧

1986 年 1 月 28 日，一个寒冷的早晨，"挑战者号"航天飞机指挥官迪克·斯科比（Dick Scobee）在升空 70 秒后宣布："罗杰，收到，加大油门。"现在，最大 Q 值的危险动压已经过去，将发动机的功率从 65% 提升到全速冲向太空似乎是安全的。在机组人员和他们的任务之间，除了多一点大气层之外，什么都没有了。但斯科比的话将是这次任务与地面飞行控制人员的最后通话。几秒钟后，一连串的故障在浓烟和大火中撕裂了飞船，将驾驶舱抛入大西洋，机上 7 人全部遇难。

经过漫长的调查，其间没有任何航天飞机升空，调查人员发现了罪魁祸首：密封件出现故障、安全检查失败、严寒天气和最大 Q 值。满载燃料、重达 450 万磅的"挑战者号"航天飞机由四个主要部件组成：两个固体火箭助推器，一个巨大的外部燃料箱，以及轨道飞行器本身。两个固体火箭助推器依靠 O 形橡胶圈将燃料密封在舱体内。然而，寒冷的环境破坏了其中一个橡胶圈的弹性，导致密封失效，燃料外泄。在最大 Q 值，即火箭飞行过程中最危险的最大动压点下，强烈的侧风对飞船造成的压力足以使燃烧的推进剂像喷灯一样猛烈地迸发出来，点燃未用完的燃料。发射 73 秒后，航天飞机解体。

当时登月已经过去了近二十年。太空旅行被认为是安全和常规的活动。尽管工程师警告过 O 形圈在极寒环境下会失效，但发射还是进行了。两年零八个月后，在实施了严格的新测试协议后，美国国家航空航天局恢复了载人航天飞行。

好莱坞科学

速度与加速度

在1986年的电影《壮志凌云》（Top Gun）中有一个令人难忘的场景：在乘坐超声速战斗机飞行之后，"独行侠"（汤姆·克鲁斯饰）向他的朋友"笨鹅"（安东尼·爱德华兹饰）大叫"我觉得需要……"，然后他们一起大叫"需要速度！"，并完美地击了一掌。不过，"独行侠"和"笨鹅"不明白的是，速度与他们的喜悦毫不相干。

提醒：此时此刻，纽约市所在纬度上的所有人（包括本书的两位作者以及巴塞罗那、罗马、伊斯坦布尔和北京等城市的所有人）都正以每小时780英里的速度在地球自转面上向正东方向移动。当地球绕太阳运行时，我们以每秒18英里的速度在地表上飞行。

匀速运动的物体不会察觉到任何运动，除非速度发生变化。这种变化被称为加速度，它可以是正的，也可以是负的，负的加速度通常被称为减速度。运动中方向的改变是加速度的另一种表现形式。因此，当速度或方向发生变化时，每个物体，包括你的身体、自行车、火箭飞船，都会感受到并做出反应。

当我们快速向前加速时，我们的身体会向后抛到座位上。转弯时，我们的身体会向相反的方向倾斜。急减速时，我们会被抛向前方——我们如果忘了系安全带，就会继续飞行，直到挡风玻璃或树木之类的东西阻挡了我们的飞行轨迹。跑车经销商可能会宣传汽车的最高时速，但更有趣的信息是汽车"从0到60"的超快加速，这就是加速度。

因此，事实上，当"独行侠"和"笨鹅"陶醉于战斗机的滚桶特技时，也许他们应该大喊的是"我觉得需要加速度！"，但那可就没有同样的电影效果了。

等的自由推力。在赤道上，这相当于每小时多节省了 1 000 英里的燃料。那么，我们为什么不从赤道上的山顶，比如厄瓜多尔的卡扬贝火山发射火箭呢？在那里，火箭的前 19 000 英尺是免费的，再加上行星自转的推力。听起来是个好主意。但事实证明，把物资运上山的能源成本远远抵消了这些好处。此外，沿海洋东岸发射，比如从佛罗里达州的卡纳维拉尔角发射，还能利用顺风方便处理发射失败和废弃的一级助推器。

地缘政治因素也会影响发射场的位置。欧洲航天局在南美洲北岸法属圭亚那的库鲁发射场发射了大部分火箭。它位于北纬 5°，东面是一望无际的海洋，可以说是一个近乎完美的航天港。

牛顿、苹果和炮弹

艾萨克·牛顿如何发现万有引力的经典故事是科学史上流传最广、美化程度最高的故事之一。也许你已经耳熟能详。

据传说，1666 年，在儿时的家伍尔斯索普庄园，牛顿躺在母亲的花园里一棵大苹果树的树荫下时，在一个"灵光乍现"的瞬间，他想到了万有引力的概念。鼠疫肆虐英国时，他当时就读的剑桥大学三一学院将学生们送回了家。牛顿在伍尔斯索普庄园时，注意到一个苹果掉到了地上。不，苹果并没有像传说中的那样砸到他的头。但他确实在思考这个掉落的苹果，想知道为什么每个苹果总是直接向下掉落。与此同时，他观察着头顶上围绕地球运行的月亮，想知道这两者之间是否有联系。重力的影响在哪里停止？一般的思考者可能会觉得将这些物体统一起来的尝试令人困惑。坠落的苹果会与地球相撞，而月球却从未撞上过，那么它们怎么会受到同样力量的影响呢？要观察到如此不同的现象，又能在深层次上将它们联系起来，这需要艾萨克·牛顿

> 牛顿在伍尔斯索普庄园时，注意到一个苹果掉到了地上。不，苹果并没有像传说中的那样砸到他的头。

科里奥利力

任何没有固定在地球上的物体，例如空气、海洋、踢过后在空中飞行的足球，都会经历地球的自转并对其做出反应。这种现象被称为科里奥利效应。

想象一下，赤道以北的一片浮云在向东移动的过程中，一个气象低压系统出现在它的正北方。云会倾向于向低气压移动。但在移动过程中，开始时较快的东移速度会使云层超过低气压（低气压本身也在移动），最终到达目标东面。另一片浮云从低气压以北开始，向东移动的速度较慢，它也会向低气压移动，但自然会落后于低气压，最终到达目的地以西。对于地球表面不明真相的人来说，这些南北弯曲的路径似乎是受一种神秘力量的影响。然而，并没有真正的力量在起作用，只有科里奥利效应。

在北半球，当许多浮云从各个方向接近一个低压系统时，就会出现逆时针运动的旋转木马，也就是我们常说的气旋。在极端情况下，会形成风速高达每小时100英里的飓风。在南半球也存在同样的现象，但气旋会顺时针旋转。

独一无二的天赋。

牛顿在1687年出版的《自然哲学的数学原理》（*Mathematical Principles of Natural Philosophy*）一书中描述了他随后进行的一次思想实验。牛顿早在人们认真对待离开地球的想法之前，就探索并计算了地球轨道的概念。他知道，抛出的石块总是会自由落向地球，但随着抛出力度的增加，落点会越来越远。当然，

著名的航天港

挪威斯瓦尔巴火箭发射场

斯瓦尔巴火箭发射场从地球最北端终年有人居住的地区发射火箭。离开地球的火箭没有比这里更靠北的了。地球自转对这里几乎没有任何好处，因此这里发射的都是亚轨道研究火箭，用于研究天气模式以及地球磁场和极光等现象。

哈萨克斯坦拜科努尔航天发射场

这个航天发射场由苏联于1955年建造，当时是洲际弹道导弹的试验场，现在租给了俄罗斯。世界第一颗人造卫星"斯普特尼克1号"、完成世界上首次载人航天飞行（尤里·加加林的唯一一次太空飞行）的"东方1号"都是从这里发射的。从2011年美国国家航空航天局关闭航天飞机项目，到2020年SpaceX加入航天领域，拜科努尔提供了将人类运往国际空间站的唯一通道。

中国西昌卫星发射中心

西昌卫星发射中心位于北纬28°，自1984年开始运营，拥有两个发射台。它是一个繁忙的航天港，不仅发射气象卫星、通信广播卫星以及其他卫星，还在2007年发射了中国首个月球轨道飞行器。

俄罗斯海洋奥德赛发射台

奥德赛发射台由一个废弃的深海石油钻井平台改建而成，是一个在太平洋上运行的真正航天港。在这里，火箭几乎正好在赤道上发射。2018年，俄罗斯最大的私人航空公司买下了这座浮动太空港。未来几年，有望出现更多的海基发射平台。然而，奥德赛发射台本身自2020年春季在符拉迪沃斯托克着陆后，就一直处于停运状态。

下页图：2022年，美国国家航空航天局发射的一枚亚轨道火箭从挪威斯瓦尔巴发射场起飞

任何曾经投掷过石头的人都会意识到这一点，但牛顿更进一步。

他想象以不同速度水平发射的炮弹，思考随着每次发射炮弹的初始速度增加会发生什么。他意识到，石球会越飞越远，直到某个时刻，它需要沿着地球的曲线前进。不仅如此：如果炮弹的推进速度足够快，它就会完全绕过地球，击中他的后脑勺。如果他躲开了，炮弹就会继续自由落体运动，永远不会击中地球。在这个神奇的速度下，小球下落到地球的速度与地球的圆弧形远离它的速度完全一致。我们通常称这种运动状态为轨道。

如果牛顿的炮弹发射得更快，那么它就会以某种速度完全脱离地球引力，在后来所谓的双曲线轨道（当然牛顿时代还没有这个概念）上达到逃逸速度。在这种情况下，月球和苹果的经历完全相同；月球只是碰巧具有苹果所没有的侧向速度。

国际空间站每隔90分钟就会从我们头顶上空划过，它实际上只是以牛顿几百年前预测的速度围绕地球自由落体，当时还没有技术来测试它。国际空间站并没有撞向地球，而是一次又一次地错过地面。因此，它停留在距地球表面约250英里的地方，保持着略高于每小时17 000英里的轨道速度，也就是差不多每秒5英里。

想想5英里在地面上意味着什么，这相当于美国橄榄球联盟一个橄榄球球场长度的73倍。你可以在一个半小时内迅速地走完，一辆限速行驶的汽车5分钟能跑完，高速商用喷气式客机半分钟能走完，国际空间站一秒钟就能走完。这就是低地球轨道上的物体在天空中飞驰的速度，以及它们必须以多快的速度移动才能在每次经过时都能够掠过地球。

因此，宇航员在轨道上是失重的。这并不是因为太空具有消除重力的神奇特性，而是因为他们在牛顿于近三个半世纪前首次描述的轨道上一直处于自由落体状态。

从地球中心坠落

孩子们时常会开玩笑说，在地球上挖个洞，跳进去，然后爬到世界的另一端。在美国，由于某种原因，人们往往认为自己会到达中国。如果计算正确，美国人实际上会到达南印度洋。

但实际上会发生什么呢？如果你能以某种方式跳入一条贯穿整个地球的空隧道，你将不断地加速，一直到达地球的10 000华氏度的地心。在那里，你会蒸发，你的实验将迅速结束。抛开这个小麻烦不谈，你会在旅途中对质量、重量和重力之间的关系有新的认识。随着你的下落，你和地心之间的物质质量会减少，重力，也就是你的重量，也会随之减少。当你到达地心时，你的体重正好为零。

为了这些目的，让我们忽略你在隧道中坠落时可能遇到的任何空气阻力。在中心位置，你的体重为零，你也在以最大速度前进，因此你会从地心穿过，然后坠入隧道的另一边。现在，地心引力拉扯着你，让你减速。由于你的旅程在重力作用下是对称的，你将在最初跳跃后大约45分钟后到达8 000英里隧道的另一端，而且速度中止。除非你事先安排了一个朋友（或一条鱼）把你带出隧道，否则地心引力会把你拉回原来的跳跃点。顺便说一下，这个往返旅程所需的时间与一个完整的低地球轨道，也就是国际空间站的轨道所需的时间相同。这不是巧合，而是引力物理学的工作原理。

和平与战争中的火箭专家

第一个正式提出人类登月方法的是美国工程师罗伯特·戈达德。1926年，他发射了史上第一枚液体燃料火箭。那是一个大约10英尺高的摇摇欲坠的装置，只飞行了两秒半就"砰"的一声掉回了184英尺外的地面。就像二十多年前莱特兄弟首次成功的飞机飞行一样，戈达德的火箭也预示着一个创新和探索的新时代，同时也预示着一种新型战争的到来。事实上，在美国参加第一次世界大战时，戈达德本人就已经充分意识到火箭在军事上的可能性。

时间快进到第二次世界大战。1944年9月8日，一枚46英尺长的火箭装载着2 000磅炸药，飞越地球大气层，落回地球，击中巴黎郊区的一条普通街道，炸死6人，炸伤更多人。这是世界上第一次远程弹道导弹攻击，由德国航空航天工程师沃纳·冯·布劳恩（Wernher von Braun）策划，他热衷于研究和模仿罗伯特·戈达德的设计。冯·布劳恩于1937年加入纳粹党，用他自己的话说，"相对来说还不错"，因为希特勒急于证明德国的技术实力，疯狂地向他的火箭设计投入资金。

冯·布劳恩专注于将火箭发射到太空的目标，他实际上接受了，或者说他根本没有考虑到他的科学胜利所带来的后果：人类首次成功地将人造物体发射到太空。据说，在第一枚V-2火箭投放到巴黎街头以及同一天又有两枚火箭投放到伦敦附近之后，冯·布劳恩说："火箭工作得非常完美，除了降落在错误的星球上这一点。"

V-2火箭发射后，完全依靠重力到达目标。这是弹道学的胜利。V-2火箭最可怕的地方并不是它的弹头里有多少炸药，而是它前所未有的超声速。以如此高速度飞行的物体所产生的破坏性冲击力使机载炸弹成为一种无端的恐吓手段。请记住，导致所有大型恐龙灭绝的小行星并没有携带一枚炸弹。

站在路上的人可能会看到一枚V-2型导弹正朝他们飞来，但他们绝对听不到

太空引力

在 2019 年的电影《星际探索》(*Ad Astra*) 中，太空飞行器内的每一个场景都显示人们在失重状态下飘浮。这里忽略了一个事实：飞船在不断地启动引擎。电影制片方如果知道，当飞船启动引擎并在太空中加速时，驻留的宇航员不再经历自由落体，而是感受到他们刚刚通过加速产生的人造重力，那么他们可以节省一大笔特效预算。

在我们将宇航员送上月球的时代，他们的飞船必须首先加速才能达到逃逸速度。之后，飞船便开始滑行。换句话说，宇航员在大部分时间里处于自由落体状态。这不是因为他们在太空中，而是因为他们先是围绕地球自由落体，然后在火箭再次点火进入美国国家航空航天局所称的地月转移轨道后，他们又自由落体飞向月球。目前，探月飞行器还没有这样的设计，但如果它们装有大量燃料，并持续启动发动机，它们就能以每秒 32 英尺的速度加速，每秒的加速度恰好为 1G，或者相当于地球表面的重力加速度。

以 1G 的稳定加速度飞往月球只需两个半小时，但到达月球时，你将以每秒 55 英里的速度从目的地身边呼啸而过。为了避免这种情况，当你飞到一半时，你可以朝相反的方向发动引擎。这样你就会减速，并在三个半小时后安全抵达月球。但在旅途中，你绝对不会失重。

导弹的声音。即使他们能以某种方式辨认出正悄无声息地向他们飞来的飞行物，也为时已晚。冯·布劳恩的超声速亚轨道导弹既夺走了成千上万无辜者的生命，同时也为人类的太空旅行奠定了基础。就像许多科学与战争联姻的故事一样，

弹道棒球

你有没有从高窗或阳台的边缘窥视过，想知道如果你投掷一个棒球，它可能会落在多远的地方？它会落在那边的屋顶上，还是街角的站牌上？如果你没控制住这种冲动，抓起棒球，使出全身力气投掷出去，你就发射了一枚弹道导弹。而一个不起眼的路人如果误入球的弹道，就不会有什么好结果。"弹道"一词的意思很简单，就是"在重力作用下"，而"导弹"则是指任何向目标发射的东西。因此，棒球比赛、网球比赛、足球争霸赛、铅球比赛或任何其他涉及目标飞行球体的比赛都是完全合法的弹道导弹竞赛。

SpaceX 的 "猎鹰 9 号" 火箭从佛罗里达州卡纳维拉尔角空军基地的 40 号发射场起飞

技术进步的资金往往来自其毁灭的承诺。

  尽管 V-2 火箭本身是一种致命武器，但据历史学家估计，制造 V-2 火箭时死亡的人数远远多于火箭发射时死亡的人数。二战导致劳动力短缺，希特勒无法按预期速度生产新武器，于是冯·布劳恩求助于囚犯，让他们充当奴隶劳工。欧洲各地集中营的囚犯被带到工厂，被迫在拥挤不堪的地下隧道中组装武器，在那里，几乎没有人能够忍受干渴、饥饿、疾病、寒冷、疲惫和纳粹的暴行。那些被认为不适合工作的人会被送往死亡集中营。

  至少有一万人，甚至是两万人，在可以想象的最恶劣条件下，死于 V-2 导弹及其前身的制造。

  二战结束向美军投降后，冯·布劳恩将事业重心转移到美国。朝鲜战争开始后，他和他的团队被调往亚拉巴马州的亨茨维尔，他在那里的美军红石兵工厂研制导弹，并很快成为那里新成立的美国国家航空航天局马歇尔太空飞行中心的主任。他的最高成就是设计了将人类送上月球的"土星 5 号"火箭。

进入轨道

  V-2 火箭是第一个到达卡门线的人造物体，但它从未达到足够的速度进入轨道，因此 V-2 火箭仍然是亚轨道的胜利。

  第一个绕地球轨道运行的人造物体是 1957 年 10 月 4 日由苏联发射的一颗小卫星。这是一个 24 英寸的金属球，被亲切地命名为"斯普特尼克 1 号"（Sputnik 1，Sputnik 在俄语中意为"同行者"）。尽管名字很亲切，但这次发射还是在全世界播下了焦虑和恐惧的种子。最重要的是，它催生了太空竞赛，进一步巩固了美国和苏联在冷战中的地位。"斯普特尼克 1 号"的成功发射清楚地表明了哪个大国在技术和武器方面处于领先地位。

左图：罗伯特·H. 戈达德博士站在 1926 年 3 月 16 日在马萨诸塞州奥本发射的液氧汽油火箭旁，火箭飞行了 2.5 秒，爬升了 41 英尺，在 184 英尺外着陆

人类计算机

为了解决太空旅行带来的轨道和重返问题，需要各种各样的数学家和工程师。这项工作的关键是人类计算机。美国国家航空航天局的前身，成立于1915年的美国国家航空咨询委员会招募了一个女性团队。她们的工作是手动进行对载人航天至关重要的精细计算。根据玛戈·李·谢特利（Margot Lee Shetterly）的同名著作改编的2016年热门电影《隐藏人物》（Hidden Figures）重点介绍了其中三位具有开拓精神的数学家：凯瑟琳·约翰逊（右图）、玛丽·杰克逊（Mary W. Jackson）和多萝西·沃恩（Dorothy Vaughan）。

其中一个场景描绘了凯瑟琳·约翰逊和约翰·格伦（第一个绕地球轨道飞行的美国人）之间著名的历史时刻。20世纪50年代末，美国国家航空航天局开始使用电子计算机计算飞行轨道，但与其他新技术一样，很多人并不愿完全依赖这些陌生的机器，尤其是当一个方程式的准确性意味着生死的时候。1962年，在格伦历史性地飞入地球轨道之前，他要求人工计算机验证他的飞行轨迹的电子计算结果。约翰逊通过她的台式机械计算器确认了电子计算结果，从而提高了人们对新技术的信任。在"迟到总比不到好"的范畴内，2015年，凯瑟琳·约翰逊在她去世（享年101岁）前五年获得了总统自由勋章。2019年，美国国家航空航天局华盛顿总部前的街道有了一个新名字——"隐藏人物之路"（Hidden Figures Way）。2021年，总部本身更名为玛丽·杰克逊美国国家航空航天局总部。

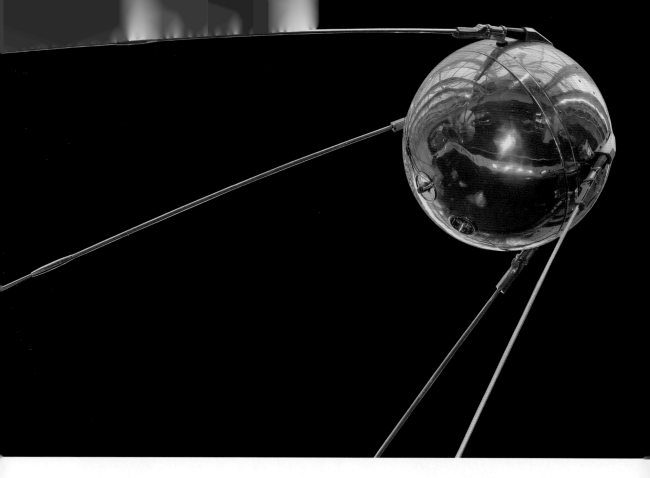

斯普特尼克（Sputnik）在俄语中意为"同行者"。1957年10月4日，
苏联发射"斯普特尼克1号"，这是世界上第一个绕地球轨道运行的人造物体

　　为了将人造卫星送入大气层，并将这颗闪闪发光的小球送入轨道，苏联工程师将其绑在了一枚 R-7 火箭上，这是世界上第一枚洲际弹道导弹，比 V-2 型导弹大 20 倍。大家都知道，核武器可以轻而易举地取代这颗沙滩球大小的卫星。"斯普特尼克1号"发射后仅三年半，R-7 型飞机的一个小改型就将宇航员尤里·加加林送入轨道，这同样是令人惊叹的创举：他是进入太空的第一人，但只是继狗、小鼠和豚鼠之后的第四个物种。半年后，黑猩猩也将加入这一行列。

　　"斯普特尼克1号"上搭载了一个简单的无线电发射器，其工作功率仅为 1 瓦，还不如智能手机在低功耗模式下的耗电量。1957 年，它的功率仅够发出哔哔的无线电信号，不断提醒业余无线电操作员它的和平存在。在暮色深沉、晴空万里的时候，任何在它轨道上的人，只要有一双锐利的眼睛或一副双筒望远镜，就能在星罗棋布的恒星中观察到这个陌生的反光球体。这也预示着，现在有成千上万的天体正在扰乱我们曾经一尘不染的宇宙视野。

太空垃圾和凯斯勒效应

自1957年发射了第一颗人造卫星以来，人类开创了多种方法，将尽可能多的卫星送入地球轨道。随着硬件的微型化，卫星变得越来越小、越来越便宜，对科学和社会也越来越不可或缺。地球轨道上的卫星数量正呈指数级增长，从2000年部署的约50颗，到2010年约100颗，2020年超过1 000颗，2022年超过2 000颗。其中绝大多数属于埃隆·马斯克（Elon Musk）的SpaceX及其星链业务。发射往往会同时将多颗卫星送入轨道。短短几十年间，我们曾经原始的空中海洋已经变成了危险的高速公路。

卫星的使用寿命一般为10~15年，但各国政府以及SpaceX等私营公司将卫星送入轨道后，却没有计划在卫星无法运行时使其脱离轨道。失效的卫星仍被困在轨道上，就像车辆在高速公路上行驶，司机却在方向盘前睡着了。在较低的轨道上，它们最终会在大气摩擦力和重力的作用下陨落。然而，在更高的轨道上，它们遇到的大气粒子要少得多，因此它们可以一直环绕地球运行数个世纪。

除了所有被遗弃的、曾经功能正常的卫星外，地球轨道上还散落着数以万计的危险弹片。美国国防部的太空监视网络追踪了3万个大于两英寸的轨道物体。此外，天空中还散落着超过1亿片未被追踪的毫米级垃圾。在比AR-15步枪发射的子弹快近10倍的轨道速度下，即使像油漆斑点这样微小的东西也能对卫星、空间站或太空行走的宇航员造成严重损伤。

当两个物体相撞时，残骸中破碎的部件数量会远远超过原来的两个。如果足够多的卫星和碎片留在轨道上而不加以控制，灾难性的混乱就会随之而来。美国国家航空航天局天体物理学家唐纳德·J. 凯斯勒（Donald J. Kessler）在1978年就警告过这种结果。如果一次碰撞的碎片摧毁了附近的一颗卫星，然后

常见轨道类型

低地球轨道（LEO）

在海平面以上 1 200 英里的低地球轨道上，有绝大多数的卫星。哈勃空间望远镜和国际空间站等所有我们最熟悉的环绕地球运行的物体都在这里。在这个高度，完整的轨道运行时间约为 90 分钟，每 24 小时有 16 次日出日落。尽管低地球轨道是迄今最受欢迎的轨道，但许多卫星位于地球上空更高的区域，其高度更适合执行任务。

中地球轨道（MEO）

中地球轨道的范围是从低地球轨道以上、高至 20 000 多英里的区域。美国的 GPS（全球定位系统）卫星位于大约中点的半同步轨道上，在这个高度上，它们每 12 小时完成一次轨道运行，每天两次到达地球上空的同一位置。GPS 卫星向地面接收器（包括你的手机）发送无线电信号，以精确定位地球表面的位置和距离。下一次，当你在 Tinder 上找到一个距离你喝咖啡的地方半径不超过 5 英里的约会对象时，你可能要感谢艾萨克·牛顿（他自己似乎根本没有谈过恋爱）对现代交往习惯的贡献。世界上许多其他导航卫星与全球定位系统位于同一轨道附近。

地球同步轨道（GEO）

在中地球轨道外、距离海平面 22 200 英里的地球同步轨道上，卫星每 23 小时 56 分 4 秒绕地球赤道一圈，这正是地球在太空中自转一周的时间。它们看似在地球表面的同一位置盘旋，但为了完成这一壮举，它们实际上是以每小时 7 000 英里的速度在太空中疾驰，与地球的自转步调一致。

但说到地球的倾斜度呢？地球同步卫星会随着地球的四季循环在天空中摇摆。地球同步轨道的一种特殊情况，即地球静止轨道出现在赤道上方的地带，那里地球的倾斜度接近零。几乎所有的卫星都在这一狭窄而理想的轨道区域内运行，为通信、电视广播和天气预报提供便利。偶尔也有间谍卫星在这里出没。

极地轨道

极地轨道是低地球轨道的一种特殊类型，与赤道垂直。在这条轨道上的卫星每次运行都会越过南北两极。由于地球在其轨道上自转，极地卫星与其他卫星不同，最终将看到地球表面的全貌——非常适合监控地球另一端的国家。

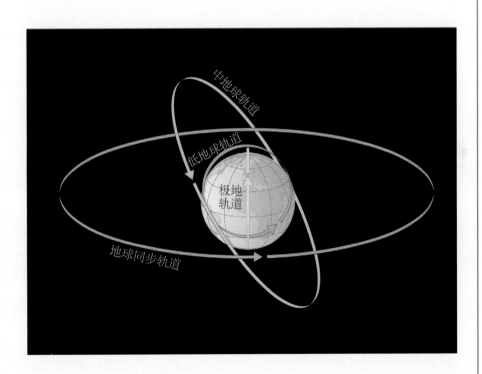

卫星环绕地球轨道轨迹的直观示例：
低地球轨道（红色）、中地球轨道（绿色）、地球同步轨道（蓝色）和极地轨道（黄色）

这颗已经粉身碎骨的卫星的部分碎片又撞向附近的其他卫星，那么卫星的数量就会达到一个临界值，超过这个临界值，一连串自我维持的碰撞就会摧毁轨道上的每一颗卫星。最终，无数的碎片云将使任何事物或任何人都无法安全通过，我们会发现自己被困在自己制造的垃圾场监狱中。

2013年由桑德拉·布洛克和乔治·克鲁尼主演的科幻悬疑电影《地心引力》（*Gravity*）准确描述了这种所谓的凯斯勒效应所带来的灾难性后果。然而，不准确的是桑德拉·布洛克的刘海，她的刘海完全贴在眉毛上方，而不是在零重力的轨道上自由飘动。

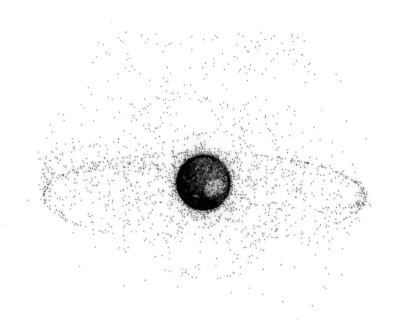

近地空间被遗弃的"太空垃圾"越来越多

轨道及其衰减

苏联发射"斯普特尼克1号"三个月后，这个银色的小球向我们的大气层降落，在一团火光中向地球俯冲回来。由于"斯普特尼克1号"的密度很低，它还来不及伤害下面的地球人，就像流星一样完全解体。但是，它的火热结局没有白费。科学家们获得了关于地球大气层外缘延伸多远的有价值的现实世界的信息。他们现在知道，即使在距离地球数百英里的上空，也有足够多的空气分子四处游动，从而产生阻力。随着时间的推移，当一颗盘旋的卫星与这些微粒碰撞时，它就会失去能量和高度，直到无法再维持原来的轨道。如果没有空气阻力这回事，卫星就会永远在轨道上运行，除非有其他障碍物将它撞离轨道。

每个环绕地球运行的物体，尤其是低地球轨道上的那些，包括国际空间站和哈勃空间望远镜，都必须遵守牛顿第一定律——它告诉我们，任何外力都会改变物体的运动——并且必须补偿任何杂散分子的摩擦效应，以免面临与"斯普特尼克1号"相同的命运。国际空间站每个月都会下降近两英里。为了解决这个问题，它会定期利用推进器喷射，将自己重新提升到更高的高度。当这种情况发生时，太空舱里的宇航员就会感受到一点人造重力，因为他们会随着加速度的增加而被抛向后方。为了保持这种与大气阻力的对抗，空间站需要不断地执行加油任务。

火箭方程

如果你想完全摆脱地球引力的牵引，前往月球、火星或更远的地方，你需要一艘大得多的飞船以及更多的燃料。你需要的是像"土星5号"这样的火箭，它于1967年完工，1973年退役，将美国第一批宇航员送上了月球。

"土星5号"火箭由沃纳·冯·布劳恩设计，高达35层楼，比自由女神像还高，发射前重达620万磅。自罗伯特·戈达德将他大约10英尺的后院火箭送入41英尺的高空以来，短短40年间，科学和工程学在战争的刺激与资助下，以惊人的速度向前发展。天体物理学不再只是仰望天空；现在，它还包括我们可以升空。

火箭顶部是指挥舱，里面有三名宇航员和月球着陆器。只有指令舱从月球返回地球。"土星5号"95%的质量都是用来对抗地球引力的燃料。

牛顿第三定律告诉我们，每一个作用力都有一个大小相等、方向相反的反作用力。因此，如果想把一个重达620万磅的庞然大物推离地球表面，我们就要施加一个强大的作用力，而这个作用力的方向正好相反。这个动作产生的推力接近760万磅。"土星5号"的推力与重量之间的差值是向上的升力。

> 牛顿第三定律告诉我们，每一个作用力都有一个大小相等、方向相反的反作用力。如果想把一个重达620万磅的庞然大物推离地球表面，我们就要施加一个强大的作用力，而这个作用力的方向正好相反。

要计算出一次飞行任务所需的燃料量，火箭科学家必须首先计算出有效载荷的重量，以及多少燃料能将有效载荷送入太空。问题就在这里：将有效载荷送入太空所需的燃料重量是加在总有效载荷上的，因此我们的火箭专家现在必须计算出将这些增加的燃料送入太空还需要多少燃料。新增加的燃料重量意味着我们现在必须再次增加燃料才能进入太空。如此循环往复。看吧，无休止的火箭问题，需要一个方程来帮助我们。

微积分这一数学分支是由艾萨克·牛顿和戈特弗里德·莱布尼茨在17世纪同时独立发展起来的，尽管其组成部分早在三个世纪前就在印度南部被发现了。微积分是为这类问题而精心设计的，它为我们提供了获得所需方程的方法。虽然许多人独立推导出了这一数学公式，但将其应用于我们当前的问题与苏联科学家康斯坦丁·齐奥尔科夫斯基（Konstantin Tsiolkovsky）的关系更为密切。

齐奥尔科夫斯基的火箭方程告诉我们，每增加一磅有效载荷，提升一定质量，有效载荷所需的燃料就会呈指数增长。为了对这一挑战有一点来自地面的了解，想象一下，你想用一箱汽油把汽车开过几千英里的大陆。你做不到。你的油箱不够大。所以你需要一个大得多的油箱，大到汽车重量的主要部分变成了汽油的重量，这大大减少了你的油耗里程，你又需要一个更大的油箱来弥补。

如今，一家航空航天公司将一磅重的东西送入轨道可能要收取10 000美元的费用，尽管由于SpaceX在重新利用太空组件方面所做的商业努力，确实存在着明显便宜的替代品。天文方面的开支，尤其是在太空计划的早期，是宇航员身材修长、电子设备小型化的原因。事实上，现在我们口袋里的智能手机和其他创新电子产品，都是早期太空竞赛期间开创的小型化技术的后代。

陨石的启示

我们现在对到达地球轨道和月球旅行所需的条件有了一些了解。但是，回家呢？毕竟，宇航员持有的是往返票，而不是单程票。

要安全地将轨道上的火箭飞船从 17 000 英里的时速降到零，需要一个制动系统。一个简单的解决方案可能是向相反的方向发射火箭（按照牛顿第三定律），直到火箭减速到可控的缓慢状态。但这需要大量的燃料——恰恰是将飞船从地球发射出去所需的燃料。而且，由于轨道或月球上还没有加油站，你必须从旅程一开始就携带所有这些燃料。在这里，火箭方程可不是你的朋友。

下一个最佳选择是什么？从流星和陨石中寻找线索。当这些动能太空导弹进入地球大气层时，它们就会燃烧起来，从地球上看就像是天空发生了耀眼的爆炸。不过，流星真正展示的是一种渐进的能量交换。当流星遇到地球大气层的摩擦时，它的动能会转化为热能，有时还会在地球表面落下一些岩石碎片，成为我们所说的陨石。（我们揉搓冰冷的双手时也会发生同样的转换，产生摩擦，从而产生热量。）

这些大块岩石穿过真空的太空，以每小时 3 万英里的速度与地球大气层相撞。它们穿过地球的外逸层和热层时没有受到什么阻碍，因为这些层中没有多少空气，但是一旦太空岩石撕裂中间层，我们就会看到一场光影秀。除了碰撞时产生的强烈摩擦外，陨落流星前方的气体分子也会迅速压缩。由于压缩气体的温度高达 3 000 华氏度，炽热的空气会在流星变成陨石之前将其蒸发。

值得庆幸的是，大多数陨石没有豌豆那么大。然而，陨石的老大哥小行星却可以（而且确实）穿过大气层，在地球上凿出陨石坑。6 500 万年前的一次著名事件是，当时统治地球的爬行动物留下了最后的篇章。

探索

太空电梯

如果我们能驾驶一辆客车冲上云霄，然后哐啷哐啷地驶向外太空，那么以正常的高速公路速度（虽然不是在洛杉矶），我们大约一个小时就能到达。太空并不遥远。然而，压抑的空中海洋和顽固的地心引力让我们大多数人（宇航员和亿万富翁除外）被淹没在这里。

阿瑟·克拉克（Arthur C. Clarke）在1979年出版的小说《天堂之泉》（The Fountains of Paradise）中设想了这样一个未来：在那里，进入太空意味着乘坐的是太空电梯而不是火箭，既便宜又方便。从那时起，科学家和小说家就开始探索这种精巧装置的工程技术背后的科学原理。太空电梯（对面是艺术家的构想图）结合了离心力、重力和轨道速度的概念。理论上，我们可以在地球静止轨道之外建造一个巨大的物体（或套住一颗小行星），作为连接地面的缆绳或系链的配重。如果系在正确的高度上，空间站或小行星向外、向上的离心力将完全抵消另一端向下的重力拉力。货舱或电梯轿厢将沿着系链遨游太空。

燃料占了火箭重量的绝大部分——不仅用于到达目的地，还用于携带燃料。然而，太空电梯与燃料问题无关。也许我们可以利用太阳能进行上升。将物体送入太空的每磅成本可能变得可以承受，甚至最终可以忽略不计。

这里还有一种可能性：在电梯沿线的地球静止轨道点，我们可以建造一个空间站作为燃料码头，或者作为太空港来部署新卫星，甚至是作为飞船的港口。任何在此停留休息的火箭都可以直接返回太空，而无须与火箭方程的"暴政"做斗争。

当然，要建造如此规模的建筑还有很多障碍。最明显的就是绵延数万英里的系链必须足够坚固，以支撑自身重量。目前对碳纳米管的研究表明，在这个方向上已经迈出了关键一步，但目前还没有已知的物质具有这样的能力。此外，系链还需要承受来自地球的天气、太阳耀斑，以及与太空垃圾或实际卫星在高速轨道上的碰撞。

然而，目前多个国家都在设计可运行的太空电梯。谁能建造出第一架太空电梯，或者像中国所说的太空梯，谁就将开启大众运输和太空探索的全新时代。

　　重返地球大气层的太空舱就像一颗巨大的流星。火箭科学家们在火箭方程的支配下，被迫发挥聪明才智，他们认为这不是一个问题，而是一个机遇。空气免费提供刹车片。太空舱的隔热罩的工作原理与地球上的任何摩擦制动器都非常相似。就像旱冰鞋的橡胶脚趾挡块通过与路面的摩擦将速度转化为热量一样，阿波罗时代的太空舱外层包裹着一种特殊的烧蚀树脂来吸收热量，这种树脂会在太空舱穿越大气层时燃烧并剥落。飞船撞击的粒子越多，以动能（速度）交换的热量就越多，飞船的速度就越慢。只要隔热罩能继续吸收热量，飞船就

重返地球大气层的太空舱以每小时数千英里的速度撕裂空气分子。
剧烈的摩擦能量使隔热罩熊熊燃烧

会减速而不会受到任何热损伤。

也许用"气动制动器"来形容隔热罩更合适。（毕竟，我们不会把旱冰鞋的脚趾挡块称为"路面隔热罩"。）现在已经退役的美国国家航空航天局航天飞机可以在半小时内从 17 000 英里的时速降到零，它的新一代隔热罩由一种叫作气凝胶的物质制成，这种物质可以迅速吸收和释放热量，是其他任何材料都无法比拟的。如果用喷灯照射气凝胶样品，在放下喷灯和拿起样品的时间里，它就已经冷却到室温了。

这些气动制动隔热罩与飞机的气动滑行完美地结合在一起，使飞船无须从海洋中捞起。在从 25 马赫（声速的 25 倍）下降到 1 马赫（声速）后，航天飞机短而粗的机翼可以像普通飞机那样产生升力和阻力，从而以优雅的姿态滑行到平稳停止。

前往深空

自上一次月球漫步 5 年后，人类踏上了最伟大的宇宙之旅，但还没有人登上飞船。取代人类的是两架名为"旅行者 1 号"和"旅行者 2 号"的不起眼的太空探测器，它们证明了在距离太阳第三块岩石上居住着智慧的物种。

自 1977 年发射以来，"旅行者号"就带着著名的金色唱片在行星际与星际空间翱翔。这些音像光盘装满了来自全球各地的声音、歌曲、问候和艺术品，向任何可能发现它们的其他智慧生命宣告我们的存在。"旅行者号"的整个任务本身，以及它所承载的技术和文化，体现了人类向上、向外、向宇宙进发的幻想。

从帕斯卡登上多姆山，到格莱舍和考克斯韦尔的氢气球与平流层（以及死亡）擦肩而过，再到加加林环绕地球飞行，人类终于打开了天空的大门，打开了通往宇宙的通道，继续我们通往无限和更远地方的旅程。

代达罗斯会感到骄傲的。

右图：这幅海报是对"旅行者号"宇宙飞船最伟大发现的致敬，这些发现包括木星卫星木卫一上的火山、土星卫星土卫六上的氮气以及海王星卫星海卫一上的冷间歇泉等

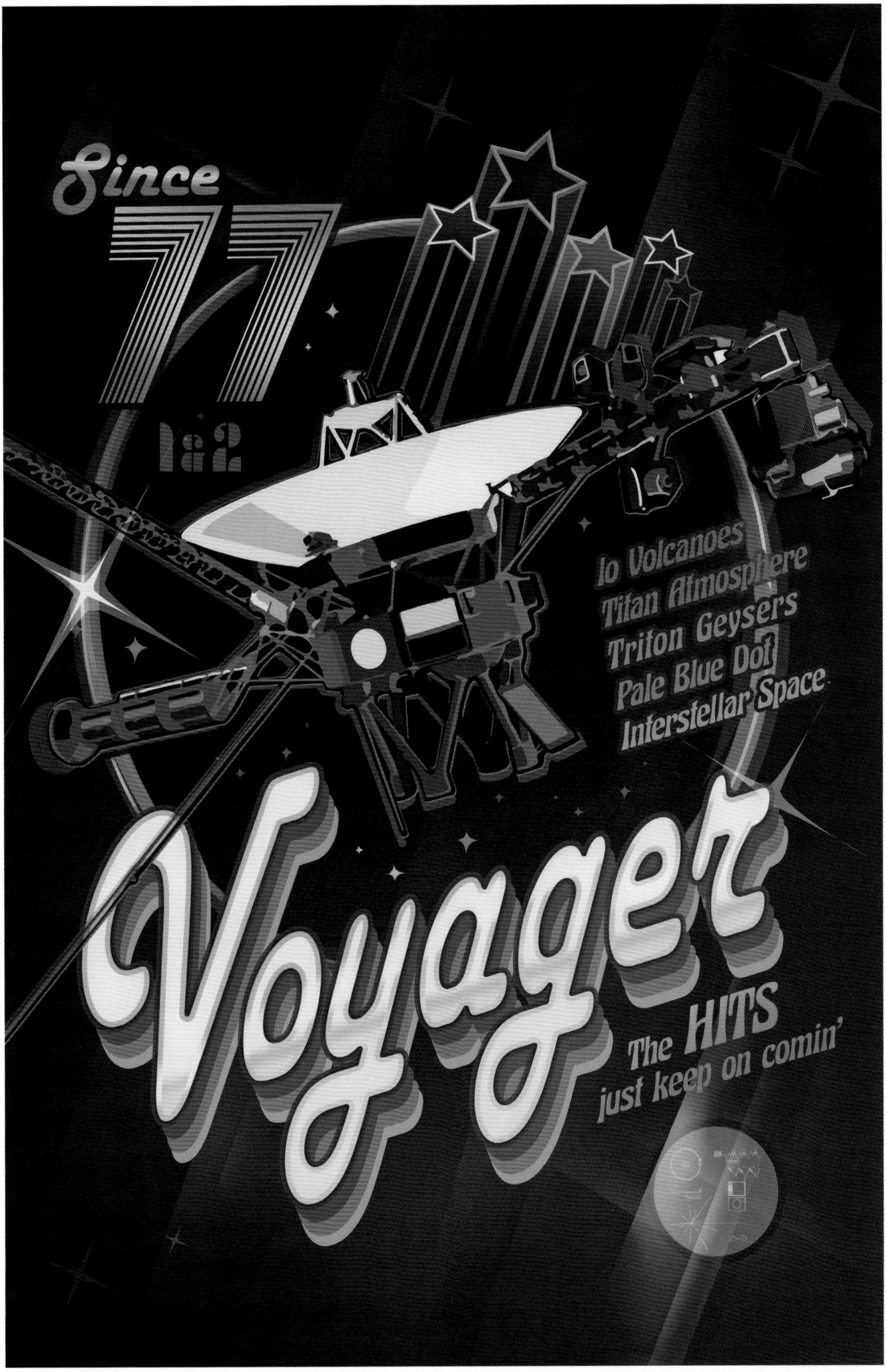

Since
77
1&2
Io Volcanoes
Titan Atmosphere
Triton Geysers
Pale Blue Dot
Interstellar Space
Voyager
The HITS
just keep on comin'

TOURING THE
SUN'S BACKYARD

第 二 章

游览太阳的"后院"

"探索是我们的天性。我们最初是流浪者，现在仍然是流浪者。
我们在宇宙海洋的海岸徘徊已久。
我们终于准备好扬帆起航，驶向星空。"

—— 卡尔·萨根 ——

《宇宙》

对太阳系的探索是一个有很多开端但没有终点的故事。这是一个关于旧观念和旧假设的故事，这些观念和假设被曾经不可想象的新事物抛弃与取代。从地球不再是完美无缺的宇宙中心的那一刻起，新技术和数学的进步就开始将我们的宇宙身份重塑，新的故事比以往任何时候的想象都更惊心动魄，更不可思议和令人惭愧。在这一部分，我们将跳出大气层，进入更大的太阳系和在其中旋转的各具特色的天体，从太阳本身开始，一直到被太阳轨道环抱的天体：最内层的岩石行星、畸形的气体巨行星、神秘的冰巨行星，以及其中诱人的月球世界。探索太阳系就是回顾古代天文学家，即第一批敢于提出宇宙模型的科学家的历史和幻想，并惊叹于不断进行的任务，这些任务揭开了太阳系更多的神秘面纱。

早期的天文学家、哲学家和科幻小说家都曾猜测其他行星上可能存在的地形和生命形式：居住在金星茂密丛林中的美丽女性，或者在火星表面开凿复杂运河系统的智慧生物。直到 20 世纪，我们知道的关于行星组成的一切，都来自我们的眼睛通过望远镜以及后来的光谱学在远处所能看到的东西。

光谱学开创于 19 世纪，是现代天体物理学最重要的技术之一，它可以通过分析天体吸收、辐射或反射的光来确定天体的运动、温度、旋转速率，尤其是化学特性。它适用于太阳本身、其他恒星、气体云，以及行星、卫星和彗星的表面与大气层。它甚至适用于整个星系。光谱分析如此重要，以至于它在天

章前图：1980 年 2 月 16 日日全食期间，在印度使用特殊相机和滤镜拍摄的太阳周围辐射状日冕流的光学照片

左图：威廉·卡宁厄姆（William Cuningham）编的浑天仪天体图，一个以地球为中心的天体模型（托勒密体系，1531）

文学中的应用催生了"天体物理学"这个词，也催生了创刊于1895年的研究刊物《天体物理学杂志》(*The Astrophysical Journal*)，这份刊物最初还有个副刊《光谱学和天文物理学国际评论》(*An International Review of Spectroscopy and Astronomical Physics*)。这门新科学推翻了当时流行的观点，19世纪法国哲学家奥古斯特·孔德 (Auguste Comte) 的一句现在看来很愚蠢的话就是典型的例证：

> 关于恒星……我们将永远无法通过任何方式研究它们的化学成分……我认为，我们永远无法知道各种恒星的真实平均温度。

在太空竞赛之前，光谱学提供了有关金星和火星大气层与表面成分的有效但有限的信息。一旦人类拥有了向其他星球发射探测器并采集实际样本的技术，我们就可以开始拼凑太阳系的历史和奥秘。尽管自1972年12月"阿波罗17号"登陆月球以来，人类还没有踏上过另一个天体，但电子设备的微型化以及计算和机器人技术的最新进展，已经让太空探测器、行星漫游车和火星直升机成为人类的代理探险家。让我们来看看它们发现了什么，以及它们提出了哪些未解之谜。

太阳

8颗行星、数百颗卫星，以及无数的彗星和小行星在围绕太阳的轨道旋转中，在万有引力编排的轨道上旋转。所有这些天体都有一个共同的诞生日。45亿年前，银河系中的一颗恒星发生了爆炸，剧烈的爆炸产生了冲击波。在这些冲击波的触发下，附近的一团气体和尘埃云（主要由氢、氦和少量其他元素组成）坍缩成一个扁平的星云——一个恒星和行星的苗圃。坍缩一直持续到压力和重力导致星云99%以上的质量凝聚成一堆致密的无定形物质为止。在这个中心圆球的核心，压力和温度急剧升高，氢核发生了聚变，释放出巨大的能量，阻止了进一步的坍缩。我们的太阳诞生了。

热核聚变——在太阳炙热、致密的内核中不断引爆的核弹——是太阳抵御自身引力的唯一屏障，也是阻止太阳坍缩的唯一因素。巨大的压力和 2 700 万华氏度的高温促使全部带正电的氢原子核克服彼此间的自然排斥力，结合成质量略小于初始氢原子总和的氦原子。按照爱因斯坦最著名的方程 $E=mc^2$ 的规定，"损失"的质量以能量的形式释放出来。等号的一边是能量（E），另一边是质量（m）和光速的平方（c^2）。当太阳每秒钟转化 6 亿吨氢气时，它产生的外压刚好平衡它的坍缩冲动。大约再过 50 亿年，当我们的恒星继续它稳定的生命时，地球人将享受它源源不断的辐射能量。

风之星

尽管听起来很奇怪，但所有恒星都有自己的大气层。太阳大气的最外层被称为日冕（corona）。2020 年伊始，当冠状病毒（coronavirus）席卷全球时，大多数人开始熟悉这个词。太阳的外层和导致最近全球大流行的病毒粒子都是以拉丁语的 corona（意为"王冠"）命名的，因为它们与尖尖的头饰相似。

太阳的日冕温度可达几百万华氏度。如此高的温度使得电子和质子从主原子中剥离，并以每小时近 100 万英里的速度流向太空。这股持续不断的带电粒子流被称为太阳风，它向各个方向延伸数十亿英里，侵袭着太阳系中的每一个天体。它的影响范围标记着太阳系和星际空间之间的正式边缘。

当太阳核心忙于自我核爆时，太阳其他 99% 的部分则对由此产生的热量和压力做出反应。内核深处的力量搅动着太阳表面和移动磁场。每隔 11 年左右，太阳的磁极就会完全翻转。磁极翻转本身并不突然，也不会造成灾难；它只是标志着一个太阳周期向下一个太阳周期的过渡。最初会有一段平静期，称为太阳活动极小期，之后太阳黑子活动会越来越剧烈，在我们称为太阳活动极大期时达到顶峰。这时，灾难就会接踵而至。

事情是这样发生的：沸腾的带电等离子体偶尔会以日冕物质抛射（CME）的形式喷出。日冕物质抛射的突然而猛烈喷发会给移动较慢的太阳风带来冲击波；如果日冕物质抛射直接射向地球，人们就会感觉到或看到一场太阳风暴，其破坏力可想而知。不过，幸运的是，地球上的磁场可以保护我们免受电离辐射的侵袭。尽管大部分带电粒子偏离了地球，但也有一些进入了我们的高层大气。在那里，它们与气体粒子碰撞，为我们的星球带来最精彩的光影表演。北极光和南极光，就像绿色、红色和紫色的绚丽光幕，散布在漆黑的天空中。

2022 年美国国家航空航天局太阳动力学天文台拍摄到的太阳耀斑，闪烁着耀眼的亮光

但并非所有的太阳天气都如此美丽或仁慈。

19 世纪的英国天文学家理查德·卡林顿（Richard Carrington）花了数年时间绘制太阳表面的许多黑点。他的技术非常巧妙：他将望远镜对准太阳，但将其图像通过目镜投射到靠墙的屏幕上。通过研究屏幕上的图像，他可以在不影响视力的情况下辨别表面特征。（如果你打算再看其他任何东西的话，直视太阳是

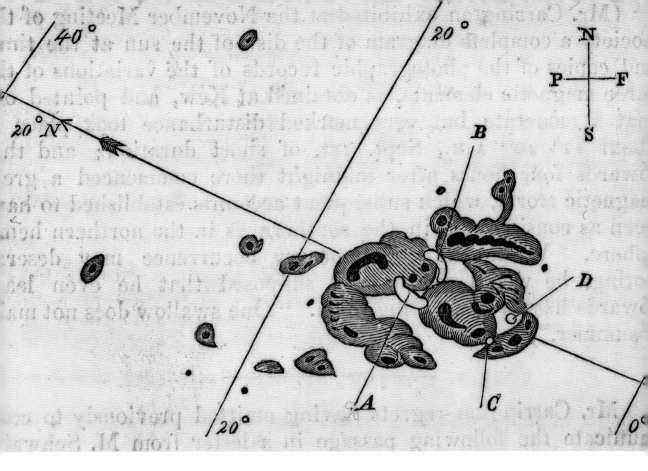

英国天文学家理查德·克里斯托弗·卡林顿根据观测结果绘制的一组太阳黑子插图，摘自《皇家天文学会回忆录》（1861）

不明智的，尤其是用望远镜。）

1859年的一天，在卡林顿通常枯燥乏味的监测过程中，明亮的白光突然在较暗的光斑上飞舞，几分钟后又消失了。他观测到的是一个太阳耀斑，有史以来探测到的第一个。这种耀斑往往与日冕物质抛射同时发生，却是一种独立的现象。耀斑不像日冕物质抛射那样携带等离子体粒子，它只携带能量，主要是以光速传播的 X 射线。一个太阳耀斑需要500秒才能到达地球，因为太阳距离地球500光秒；而一次日冕物质抛射可能需要一天或更长时间才能穿越相同的距离。

在卡林顿的观测中，一个看不见的日冕物质抛射确实与观测到的太阳耀斑同时爆发，并开始向地球移动，在那里它将成为有记录以来威力最大的太阳风暴。当带电粒子吞噬整个地球时，全世界都能看到极光。这些粒子还顺着电报线路传播开。有报道称，电击使电报员失去知觉，四溅的火花使他们的办公桌也着了火。

如果这样的事件发生在今天，鉴于我们对无处不在的电网和 GPS 卫星的依赖，世界末日般的混乱很可能随之而来。信用卡和借记卡将立即失效，你可以忘记你的加密货币。飞机会停飞，食品和燃料供应会迅速减少，整个社会都会陷入停顿，没有任何广播节目或电视台来播报情况。在地球上空，任何行走于太空的宇航员在即将到来的致命辐射袭击之前，都只有几分钟的时间来寻求庇护。

> 鉴于我们对无处不在的电网和 GPS 卫星的依赖，世界末日般的混乱很可能随之而来。……你可以忘记你的加密货币。

我们能抵御这种灾难性事件吗？有可能。有了更好的了解，我们也许就能更好地预测太阳活动周期，并为它们带来的天气做好准备。美国国家航空航天局发射帕克太阳探测器就是为了实现这一目标；2021 年，它飞掠了日冕，成为第一个擦过太阳的航天器。与所有边缘和边界一样，太阳风和太阳大气之间的分离点也很难分离。帕克太阳探测器帮助进一步确定了这一理论边界的模糊边缘——天体物理学家称之为阿尔芬临界面，在那里，太阳风粒子开始摆脱太阳引力和磁场的影响，冲向整个太阳系。

自理查德·卡林顿首次绘制太阳黑子图以来，已经过去了近两个世纪；自中国天文学家甘德首次记录太阳上的斑点以来，也已经过去两千多年。然而，这些太阳活动仍然无法预测。它们为什么会形成，又是如何形成的？哪些会给地球居民带来灾难？我们期待着帕克太阳探测器等飞行任务的科学发现，它们可以为我们提供必要的知识，帮助我们预测和战胜天空中这颗巨大核弹所释放的未来风暴。

46 亿年前，只有不到百分之一的物质没有变成太阳，它们形成了太阳系中的其他所有天体。我们的每颗行星和卫星都有独有的特征和表面，但它们都携

太阳是什么颜色的？

你在小学时代画太阳时，可能会用黄色的蜡笔。很有可能，你见过的每一幅太阳画、天体图、旧天文图或模型都是一个黄色的球体。因此，当得知太阳其实是白色的时，你可能会感到惊讶。它发出彩虹的每一种颜色；正如艾萨克·牛顿在17世纪末证明（并在他1704年的开创性著作《光学》中达到顶峰）的那样，所有这些颜色的等量组合产生了白光。太阳看起来是黄色的原因与天空看起来是蓝色的原因相同。

当白色阳光穿过大气层时，空气分子会优先向四面八方散射较短的蓝色光波，从而带走一点原本可以到达地球的能量。我们的蓝天其实是偷来的阳光。在日出或日落时分，当太阳位于地平线较低的位置时，它的光线要穿过近40倍于太阳直射时的大气层才能到达你的头顶。随着蓝色光波的散射、再散射，天空变得越来越蓝，太阳则变得越来越呈琥珀色，用深红色和橙色的华丽织锦点缀地平线。

带着原始星云中所含的相同元素。

关于环绕太阳运行的天体的起源仍然存在激烈的争议。有一点是一致的：早期的太阳系是混沌的化身。没有并入太阳的粒子凝聚成大块，称为星子；有些则进一步结合成巨大的天体，称为原行星。这些杂乱无章的天体相互碰撞，将一些天体撞得四分五裂，将另一些天体挤出轨道。一些天体坠入太阳，增加了太阳的质量；另一些天体则完全脱离了太阳的引力。一些较小的被抛射物变成了流浪小行星，注定要成为星际闯入者；而较大的则变成了漫游行星，没有恒星作为家的天体流浪者。

可能有多达三十颗行星参与了这场残酷的宇宙台球游戏，只有八颗幸存下来。幸存者包括四颗岩石内行星——水星、金星、地球和火星；两颗气态巨行星——木星和土星；以及两颗冰态巨行星——天王星和海王星。

水星：第一颗岩石内行星

离太阳最近的四颗行星也被称为类地行星，每颗行星都有一个巨大的金属内核，岩石表面具有独特的构造，很少有或基本没有自己的卫星。在这四颗行星（实际上是在太阳系的所有八颗行星）中，水星的名声最坏。它是所有行星中最"羸弱"的一颗，表面的麻点和伤痕也最多。水星温度变化极端，大气层稀薄得可怜，是一个完全贫瘠和荒凉的地方。这还不是它最糟糕的地方。每年

大约有三次，每次持续几个星期，这颗行星似乎会在天空中逆行，这种现象通常被称为"水星逆行"。古人（以及许多现代人）对这一奇异现象感到困惑，他们把自己的不幸归咎于水星的逆行。

这里有一个背景故事。

在人类历史的大部分时间里，世界只是某种表象和感觉。科学方法，也就是通过反复实验来验证假设的冲动，直到17世纪才开始流行。这就是亚里士多德宣称重物比轻物下落快的原因，也是两千年来人们一直相信他的原因。只要用不同大小的石头做几个简单实验，就能立刻揭示他的思想是错误的。

一千年来，地球一直被认为是不动的宇宙中心，亚里士多德推广了这一观点，托勒密后来又加以美化。每个人都认为这是一个明显的特征，因为所有天体和星座似乎都在围绕地球移动。直到16世纪，波兰天文学家哥白尼提出了一

水星彩色地形的彩虹色调，紫色代表最低的高度变化，白色代表最高的高度变化

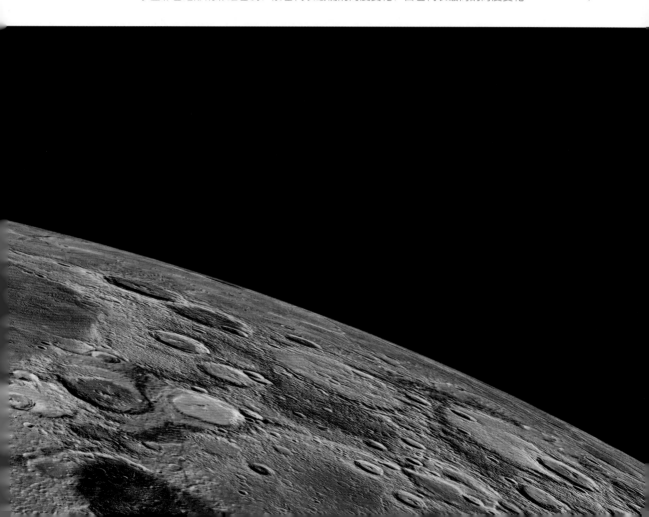

个激进的观点：太阳，而不是地球，位于宇宙的中心。

在肉眼看来，七种不同的光就像流浪汉一样，在原本和谐的星座间游荡。古希腊人称这些天体为"planetes"（游星或漫游者）：太阳、月亮、水星、金星、火星、土星和木星。从地球观测者的角度来看，游荡的太阳在一年中会缓慢地穿过12个星座。在每月穿越天空的过程中，游荡的月亮可能是"新月"，也可能是"满月"，或者介于两者之间。水星和其他游荡的光似乎会间歇性地逆转其轨迹方向，然后再次逆转划过天空。这就是在以地球为中心的世界所看到的，因此推测水星也是这样运行的。因此，就有了"逆行"的概念，以及其他至今仍在使用的术语，如"日出"或"日落"——这些地心说术语是我们对太阳系和整个宇宙的日心说知识的前身。

当地球从已知宇宙的中心降级为一颗普通行星，像其他行星一样围绕太阳运行时，我们认识到了逆行的本质：一种简单的视觉错觉。由于地球和水星相对运动，并且都围绕太阳运行，我们看到水星既在太阳前面，也在太阳后面。我们的祖先还无法从这个角度来理解他们的世界观。

就像低地球轨道上的卫星比那些在更高更远轨道上的卫星移动得更快一样，在更靠近太阳的轨道上运行的行星也比它们遥远的亲戚移动得更快。古人用罗马的速度和旅行者之神默丘利（Mercury）的名字来命名最快速的漫游者。地球上的一年比水星上的四年多一点，也就是说，水星绕太阳公转的速度是我们的四倍多。而且并非偶然的是，水星每年会逆行三四次。也就是说，在水星的运行轨道上，当它经过地球并摆动到太阳的远方时，它似乎会逆转方向，向另一个方向运行。

你可以很容易地想象到这一点：音乐旋转木马——你可能会在集市上看到的那种彩绘木马。你的朋友骑在其中一匹木马上，一圈又一圈地转着，而你就在人群中看着她。当她从离你最近的地方经过并向你挥手时，她似乎从你的左边移动到了你的右边。但当她绕到远处时，从你的角度看，她现在是从右向左移动的。你知道，这匹木马并没有突然脱离整个装置而向后飞奔。它在绕着旋转平台的中心点转圈，而你没有。

浑天仪天体图，一个以地球为中心的天体模型（托勒密体系，1531）

从以太阳为中心的角度来看，水星也不会逆行。我们所说的"水星逆行"是我们对太阳和这颗行星的看法的结果，而不是水星轨道方向的逆转。水星在逆行期间的运动并没有什么不寻常之处，只是人类有一种赋予其意义的冲动。这种冲动可以追溯到一个被忽视的时代，那时我们都认为宇宙是围绕着我们旋转的。

由于水星和金星比地球更接近太阳，我们偶尔会在强光下看不到它们的轨迹，直到它们再次出现。在整个过程中，它们就像旋转木马另一侧的木马一样，似乎朝着与之前相反的方向行进。比地球离太阳更远的行星似乎也会表现出相对于地球的逆行运动，但这主要是因为我们绕太阳的运动比它们快。

如果每颗行星都相对于太阳系中的其他行星逆行，那么为什么要单单指责水星呢？一颗行星相对于地球逆行的次数与它相对于地球的轨道速度直接相关。因此，水星每年逆行的次数比其他所有行星都多。距离遥远、运行缓慢的海王星每年只逆行一次，在地球绕太阳远侧运行的半年时间里，海王星表现出后退运动。

> 如果每颗行星都相对于太阳系中的其他行星逆行，那么为什么要单单指责水星呢？

因此，在大多数时候，至少有一颗行星相对于地球逆行，为每个人的厄运提供了无尽的借口。也许莎士比亚说得最好："亲爱的布鲁图斯，错不在我们的星星，而在我们自己。"

探索水星：重力辅助

水星仍然是七颗传统上就认识的天体中被探索最少的一颗。这不是说这个多坑的小世界毫无趣味可言。恰恰相反，对水星探索之所以少，是因为前往那里会遇到巨大的挑战。事实上，我们的第一个水星轨道探测器直到2011年才抵达，而此时我们已经登陆月球几十年了。前往距离地球约7倍远的木星要比前往水星容易得多。还有一个令人震惊的事实：完全逃离太阳系比登陆最内层的行星

爱因斯坦是如何杀死祝融星的？

你可能对《星际迷航》（*Star Trek*）中虚构的瓦肯星（斯波克中尉的母星）并不陌生。瓦肯星的居民是典型的没有感情的外星种族，耳朵尖尖的，眉毛上挑。但在《星际迷航》第一集播出前一个多世纪，人们就认为瓦肯星是太阳系中一颗真实存在的行星。

在大多数情况下，哥白尼的日心说宇宙模型、开普勒的行星运动定律和牛顿的物理定律将太阳系变成了一个可知的地方。19 世纪中叶，法国数学家、天文学家于尔班·勒威耶（Urbain Le Verrier）在试图解释水星轨道每年一次的恶性偏移时，发现自己完全被难住了。追踪水星轨道的天文学家一次又一次地试图准确预测水星的轨道，但都徒劳无功，尽管附近其他行星的轨道也如预期般运行。牛顿力学完全失败了。勒威耶推测，解释这种偏差的唯一方法是，在水星和太阳之间有一颗隐藏的燃烧着火焰的炙热行星，它牵引着水星，使水星做出了让牛顿定律看起来很糟糕的事情。这颗行星曾被命名为祝融星（Vulcan），与古罗马的火神（伏尔甘，Vulcan 的音译）同名。这似乎是一个离奇的说法。毕竟，如果内太阳系中真的存在另一颗行星，怎么会没有人早看到过它了呢？

用肉眼，甚至用望远镜来观测这样一颗行星，确实是一项艰巨的任务。太阳刺眼的眩光会让人望而却步。只有在黄昏或黎明时分，或者在日全食期间，才有机会看到一颗行星绕着离太阳如此之近的轨道运行。

勒威耶只根据天王星的偏离轨道就预言了海王星的存在，因而赢得了极大的尊重。由于他广受赞誉，科学家们普遍相信了他，尽管缺乏任何可靠的观测证据，神秘的祝融星还是被写进了教科书。

1915 年，阿尔伯特·爱因斯坦提出了广义相对论，其中包括解释了极端条件下的引力行为，比如非常靠近太阳的情况。有了对宇宙的这一新认识，水星奇特的轨道行为就可以得到解释，从而永远消除了人们对祝融星的幻想。

伦纳德·尼莫伊（Leonard Nimoy）扮演的斯波克中尉向瓦肯人打招呼

更省钱，也更节省燃料。

我们现在都知道，轨道上的物体离引力源越近，移动速度就越快。水星的速度，再加上它很小的体积（比我们的月球大不了多少），使它成为一个难以击中的目标。但困难的原因还不止这些。逃离地球轨道的航天器——换句话说，达到了逃逸速度——每小时至少飞行 25 000 英里。当它接近太阳时，会因强大的引力而加速。水星的引力较弱，这意味着一个物体必须比逃逸速度慢得多，才能被拉入它的轨道。如果没有制动器，飞向水星的轨道飞行器的速度会非常快，以至于完全越过水星。显然，它必须以某种方式减速才能被水星捕获。但是，火箭方程的残酷之处再次出现：航天器需要携带比发射时更多的燃料，也就是更重的重量来刹车。而且，鉴于水星几乎不存在大气层，空气制动是不可能的。

面对这个棘手的问题，科学家们设计出了一种异常复杂的操纵方法。要想在没有燃料的情况下减速，就必须使用重力辅助装置。几十年前，"旅行者号"在飞过行星并逃离太阳系时，也使用了同样的方法。

"旅行者号"是怎么做到的呢？1977 年，木星、土星、天王星和海王星出现了每隔几百年才出现一次的行星位置分布。美国国家航空航天局的科学家们知道，他们获得了一个独特的机会，可以从排列整齐的行星中借用能量，以超过每小时 3 万英里的速度将航天器弹射出太阳系，从而克服火箭方程的限制。

你可能会认为，在宇宙弹弓中，行星的引力会拉住一个进入的物体，并以比之前更快的速度把它从另一边甩出去。但事实并非如此。把你拉进来的引力也会阻止你离开。还记得我们关于跳过地球的思想实验吗？你只能在地球把你拽回来之前获得速度，这是一个完美而永无止境的循环。仅靠重力获得的净速度是多少？完全为零。

那么弹弓速度从何而来呢？如果你从后方接近轨道上的行星，移动中的行星就会把你卷进去，让你窃取它的部分轨道速度。如果没有重力辅助，"旅行者号"就会被困在木星与土星之间环绕太阳运行的轨道上。

利用"旅行者号"所完善的技术，科学家们想出了让飞向水星的飞船充分减速的办法。如何利用重力辅助来制动而不是加速呢？你在行星的轨道上从正面而不是从后面接近它，将你的部分轨道能量传递给它。行星稍微加速一点，你就减速一点。

美国国家航空航天局于2004年发射了飞往水星的"信使号"。七年后，经过围绕地球、金星和水星本身的多次重力辅助减速，"信使号"进入了环绕目的地的轨道。它绕着这颗布满麻点的行星转了四年，拍摄了数千张照片，回答了老问题，也提出了新问题。

尽管水星离太阳很近，但它并不像你想象的那样热得要命。事实上，它比金星还要凉爽。白天，在阳光充足的地方，水星表面的温度确实达到了炙热的800华氏度，但在其深邃的、永远被阴影笼罩的山谷中，温度却骤降至近零下300华氏度。这样的低温带来的一个近乎荒谬的后果是，"信使号"探测到了锁定在这颗行星寒冷极地的水冰的证据。

虽然"信使号"任务的设计寿命只有一年，但它超出了预期，又坚持了三年。但它的燃料供应不可避免地枯竭了，由于无法抵御重力的召唤，它开始了与这颗布满坑洼的行星的碰撞过程，并于2015年4月在上面留下了自己的坑。

> 尽管水星离太阳很近，但它并不像你想象的那样热得要命。事实上，它比金星还要凉爽。

欧洲航天局（ESA）和日本宇宙航空研究开发机构（JAXA）现在正一起前往水星，继续"信使号"离开时的工作。这架名为"贝比科隆博号"（BepiColombo）的探测器目标之一是确定并研究"信使号"最后的安息之地。撞击很可能会造成地形隆起，使地下和地表变得碎裂，这些东西可能会让人们对这颗神秘的行星有更深入的了解。也许"信使号"遗留下的东西还没有被完全书写完，因为新的宇宙发现可能会在它灭亡的残骸中等待着我们。

充满活力的金星

水星和金星都会于黎明前出现在太阳升起的地方附近，有时消失数周或数

第一个科幻故事

1608 年，在伽利略观察到地球围绕太阳运动的证据之前两年，伟大的德国数学家约翰内斯·开普勒写下了被一些人认为是有史以来的第一部真正的科幻小说。他将其命名为《梦》(Somnium)。

故事讲述了一个冰岛小男孩和他的母亲——草药师兼女巫——能够召唤出被称为守护神的非人类生物，这些生物能够在地球和月球之间来回穿梭。它们称月球为"莱瓦尼亚岛"。一天晚上，女巫让其中一个旅行的守护神向莱瓦尼亚岛的居民描述太阳系的样子。开普勒写道："对于岛上的居民来说，莱瓦尼亚岛似乎矗立在移动的恒星中间，一动不动，就像我们人类看到的地球一样。"

对我们来说，这句话似乎并无恶意。今天，我们知道，无论我们站在地球、月球或任何其他旋转天体的哪个位置，所有其他天体看起来都是围绕着我们运动，而不是我们围绕着它们运动。但是，对那些生活在笃信上帝让地球成为完美而不动的宇宙中心的社会中的人来说，开普勒的描述简直是激进的，即使是在小说作品中也是如此。

开普勒知道他的激进言论可能会被解释为亵渎神明，因此他小心翼翼地只把手稿分发给少数几个科学界的朋友。然而，尽管他小心翼翼，手稿还是落入了坏人之手。一些人认为书中的主人公与开普勒本人有相似之处，这一点应受到谴责。开普勒自己的母亲被指控是故事中召唤守护神的老妪，她因巫术罪受审并被判监禁。六年的法律诉讼后，她被无罪释放，但第二年就去世了。在开普勒的有生之年，这部手稿一直没有出版。

尽管小说的寓意给开普勒带来了种种苦难，但他从未放弃他的日心说世界观。

月，然后黄昏时再次出现在太阳落下的地方附近。因为它们离太阳很近，从地球的天空看，它们永远不会离太阳太远。

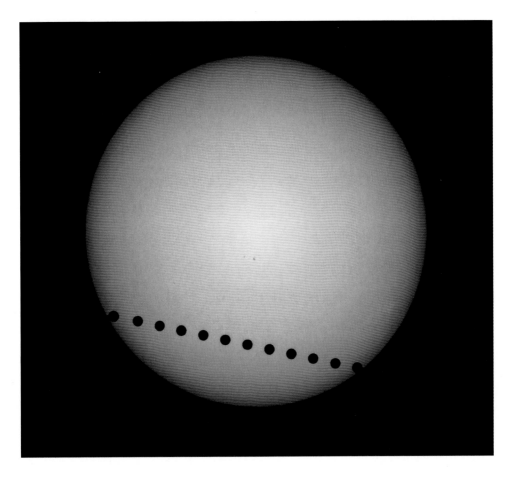

2004年金星在太阳前凌日（黑色）的合成图像，这是自1882年以来金星首次凌日

包括古希腊和古罗马在内的一些古代文明认为，金星实际上是两颗独立的恒星，各有自己的特性。发光的银色金星是天空中仅次于太阳和月亮的最亮天体。在他们看来，金星既是晨星，也是昏星。古希腊人称其昏星为赫斯珀洛斯（Hesperus），晨星为波斯波罗斯（Phosphoros，拉丁语为 Lucifer，意为"光明使者"）。最终，古罗马人将这两种不同的表现形式视为同一天体，并以他们爱与美的女神维纳斯（Venus）的名字重新命名了这个生动的球体。

尽管一些古代天文学家将黎明前和黄昏时的金星视为两个不同的天体，但许多其他古代文明，比如巴比伦人、澳大利亚土著和托雷斯海峡岛民，以及许多中美洲土著文化，尤其是玛雅人，都认为偶尔消失的光芒来自同一个天体。

金星的相位

1610年，伽利略通过他的改良版望远镜观察金星时，看到了这颗充满活力的行星的一个特征，这将有助于推翻地心说。他看到，金星和月亮一样，也会出现相位。例如，当太阳在金星的左边（通过伽利略的仪器看到）时，金星的左边被照亮，右边则处于黑暗之中。看：半个金星。太阳和金星的连续变化导致金星呈现出我们熟悉的月相。伽利略理智地得出结论：金星一定是围绕太阳转，而不是围绕地球转。这是在托勒密地心说的棺材上钉上的一颗钉子，也是支持日心说的确凿证据，而此时距离哥白尼提出日心说已经过去了近70年。

尽管伽利略急于宣称自己的新发现，但他迟迟不敢立即宣布。他给他的朋友约翰内斯·开普勒寄去了一个谜语，并用变位符进行了加密。这种宣布科学突破的方式似乎有些奇怪，但在还没有版权、专利和同行评审的时代，这种做法很常见。他写道："Haec immatura a me iam frustra leguntur o.y.。"大概意思是："这些东西现在还太小，我读不懂。"一旦伽利略对自己的发现有了信心，他就把字母拆开，传达他隐藏的真正信息，即"Cynthiae figuras aemulatur mater amorum"，意思是"爱之母模仿辛西娅的形状"。在这个谜语中，"爱之母"当然是维纳斯，而在古罗马神话中，月亮女神通常被称为辛西娅。因此，谜底揭示了伽利略的发现：金星的形状变化仿照了月亮。

金星凌日

1639年，一位20岁的英国家庭教师准备见证一次别人从未见过的宇宙事件。年轻的杰里迈亚·霍罗克斯（Jeremiah Horrocks）是天文学最新文献的忠实读者，他分析了最新的行星表，计算出金星即将从地球看到太阳的正前方经过。几个小时后，这颗我们以前只能在黑夜中看到闪闪发光的球体的行星变成了一个小黑点，在我们的恒星上移动。

霍罗克斯把望远镜对准太阳，将图像投射到一张纸上，安全地观测到了这次凌日。他和他的同伴威廉-克拉布特里是地球上唯一观测到这一奇观的人。根据他的观测结果，天文学家估算出了地球到太阳的距离、金星的大小，以及整个太阳系到土星（当时已知最远的行星）的大小。

14个月后，霍罗克斯去世。几个世纪以来，他的原始著作和观测记录很少流传下来，许多在伦敦大火中遗失了。我们可能永远不会知道这些记录包含了什么内容，也不知道他如何进一步影响了天文发现的进程。他部分被抢救出来并在其死后出版的作品证明，他的思想和生命就像金星凌日那样极其罕见，而且悲惨地转瞬即逝。

1769年金星凌日发生时，新的测量工具已经问世，使天文观测者能够精确地推算出地日距离，从而计算出太阳系更真实的大小。天文学家被派往全球数十个可以看到金星凌日的地方，从挪威和西伯利亚到下加利福尼亚（加利福尼亚半岛）和印度。声名狼藉的英国探险家詹姆斯·库克（James Cook），曾于1769年与天文学家查尔斯·格林（Charles Green）一起乘坐"奋进号"皇家海军舰艇从塔希提岛出发，记录这次凌日。这一次，英国人用视觉记录下了他们所看到的一切。

有了这些同时进行的探险所获得的金星凌日数据，包括精确的时间和地球表面的坐标，天文学家使用普通而古老的三角学确定了地球与太阳距离的精确值。

虽然新技术已经取代金星凌日，成为确定我们在宇宙中位置的首选方法，但这些罕见的事件仍然为了解宇宙提供了宝贵的机会。下一次金星凌日将在2117年12月。到那时，如果太空爱好者们的雄心壮志得以实现，人类可能会成为一个多行星物种，能够见证来自地球、月球和火星的凌日。

探索金星

在太空竞赛之前，包裹着金星的厚厚的反射大气层让这个地球的近邻蒙上了一层神秘面纱。地球观测所能获得的最多信息是金星的大小、距离及其高层大气的化学成分。1962年末，在"太空第一人"尤里·加加林被送入地球轨道一年半之后，第一架前往另一颗行星的探测器起航了。美国国家航空航天局的"水手2号"飞过金星，沿途测量了金星的温度：整体温度高达450华氏度。后来的测量结果将这一数字提高了一倍。

很快，苏联就开始了它的"金星计划"，即一系列金星探测器和着陆器，这将重塑我们对隔壁星球的认识。1967年，金星4号成为第一架进入另一颗行星大气层的探测器。1970年，"金星7号"首次在另一颗行星的表面软着陆，探测到的表面温度接近900华氏度，大气压力是地球的90倍。它还揭示了一个二氧化碳含量高达97%的有毒大气层。"金星7号"的成功任务打破了所有残存的希望，即金星可能是美丽女性或任何其他生命的家园。五年后，"金星9号"首次从另一颗行星的表面拍摄了照片，揭示了金星岩石遍布的荒凉景象，与科幻作家想象中充满生命的热带海洋星球完全不同。

金星给地球的启示

在"水手号"和"金星号"探测器传回数据证实金星炙热的表面温度之前，

宇宙难题
金星人

Ve-nu-sian \vi-'nü-zhən\ adj (1874)：属于金星或与金星有关的

我们会称来自金星的外星人为"金星人"（Venusian）[1]，但那只是因为医学界已经使用了正确的拉丁语形容词。如果我们遵循拉丁语的语法规则，与金星（以爱与美的女神以及与之相关的一切命名的行星）有关的人或事物，就应该被称为"患有性病的"（Venereal）。

1　在科幻小说中，Venusian 常常用来指"金星人"或"金星居民"。

一名叫卡尔·萨根的美国天体物理学博士生曾预言，金星厚厚的大气层会使这颗行星变得异常炎热，并导致温室效应失控。地球需要一定的温室效应来维持适合我们所知的生命生存的环境，但也有一个极限：如果温室气体积聚过多，地球表面的水就会沸腾，现在已经干燥的地球就会在其浓密的大气层中捕获更多的入射能量和红外能量。

温室气体的定义是，它吸收和释放红外线，同时允许其他频率的光通过。你可能会认为二氧化碳或甲烷是最有效的温室气体。不，两者都不是。在主要的温室气体中，水蒸气很容易占据首位。因此，当一颗含有水的行星变得如此炎热，以至于其地表水全部蒸发，成为大气中的水蒸气时，温室效应就会迅速上升。

这就是金星的故事。金星曾经是一个有水的世界，甚至可能像今天的地球一样郁郁葱葱、生机盎然，现在却成了荒凉的火山地狱，表面平均温度高得足以熔化铅。萨根想知道，如果由于化石燃料的大量燃烧，我们地球的适度温室效应增强，将埋藏已久的碳以二氧化碳的形式释放到大气中，那么会发生什么情况。1985年，根据他的计算，他在美国国会就人类活动造成的气候破坏的危险做了证明。

但是，地球真的会变成金星吗？

地球人每年向大气中排放的温室气体超过500亿吨。燃烧煤、天然气和石油这些化石燃料产生的二氧化碳占这些排放量的四分之三。顾名思义，化石燃料来源于古代动植物的遗骸。尽管某家大型石油公司以爬行动物为标志，其产品却并非来自咆哮的爬行动物的尸体。我们用来为汽车、飞机和住宅提供动力的几乎所有石油与大部分天然气都来自古老的微小动植物，它们被称为浮游生物——以阳光和二氧化碳为食的浮游植物，以及以浮游植物为食的浮游动物。我们的煤炭则来自埋藏在地下的多细胞森林植物的残骸。

> 化石燃料配方：收集丰富的植物或动物材料；持续施加数百万年的压力；加热到你想要的稠度。

三亿年前，在沼泽和温暖的浅海中，奇异而梦幻的生命蓬勃发展。来自远古的化石讲述了这样一个故事：在高氧、潮湿的大气中，鹰一样大小的蜻蜓和一英尺长的蝎子在郁郁葱葱的森林湿地中飞来飞去。数以亿计的树木（有些树种高达一百多英尺）从空气中吸收二氧化碳，并形成了名为木质素的强韧纤维，这种纤维既能支撑树木的重量，又能在风中保持弹性。但由于它们的树干细而高耸，树根又出奇地浅，这些生长迅速的巨树很容易倒下，并在下面的低氧水域迅速堆积。随着时间的推移，淤泥和上升的海水吞没了被巨大的热量和压力压缩的数百万吨腐烂植物材料。它们的命运是：成为富含碳的煤炭，在三亿年后为人类活动提供燃料。那个树木广泛沉积的时代被称为石炭纪。我们今天使用的几乎所有煤炭都是那时产生的。

世界上大部分的石油和天然气来自这个时代之后的大约1亿年，即中生代恐龙统治时期，也就是爬行动物时代。这一时期的海洋温度较高，浮游生物得以大量繁殖。与石炭纪的树木一样，它们沉入海底的遗骸在数千万年的时间里暴

右图：描绘约2.8亿至3.4亿年前石炭纪植物和昆虫景观的艺术插图

露在极端的压力和热量之下。有些天然气来自煤炭分解的后期阶段，但几乎所有的石油都由浮游生物形成。这些生物——以阳光和二氧化碳为食的单细胞光合浮游植物，以及以浮游植物为食的浮游动物——与我们和其他所有生命一样，都是以碳为基础的。当生命中复杂的碳分子燃烧时，化学反应会释放出二氧化碳，其副产品是对勤劳的人类更有用的大量热能。

由于我们的化石燃料配方需要数百万年的时间来烘烤，这些燃料在功能上属于不可再生资源。换句话说，在人类这个物种的生命周期内，我们在地球上能找到的数量是固定的。在20世纪70年代所谓的能源危机期间，美国能源信息署（EIA）的分析师们做出了令人震惊的预测，认为可供人类消费的石油和天然气的数量已经所剩无几，并对供应量的迅速减少发出警报。

与此同时，人类将大量资金投入新开采方法的创新研究中，以满足我们日益增长的需求（和贪婪）。二战后，水力压裂法（又称压裂法，19世纪60年代就已有设想）的出现使以前难以获得的燃料储备变得触手可及，而且随着供应的急剧增加，燃料成本普遍大幅下降。只要人类还在为开采化石燃料的新方法提供资金，只要人类社会还在依赖化石燃料为交通运输、制造业、供暖、制冷以及日常生活的几乎所有其他方面提供动力，化石燃料就不会很快消失。

但是，假设我们真的耗尽了化石燃料会怎样呢？如果人类把地壳中蕴藏的煤炭、石油和天然气全部烧光，地球将恢复到与三亿年前依稀相似的状态。生命仍将繁衍生息——只是与今日大为不同。

要想让地球变成另一个金星，我们首先必须燃烧10倍于地球现有储量的化石燃料。"拯救地球"的口号尽管值得称赞，但没有抓住重点，也没有传达出更令人不安的真相：地球对我们毫不在意。在我们出现之前，地球已经存在了数十亿年，在最后一个智人咽下最后一口气之后，地球还将继续存在数十亿年。正如伊恩·马尔科姆博士在1993年的电影《侏罗纪公园》中所说："生命总会找到出路。"但"生命"不一定包括人类。

地月系

"我们出发探索月球，却发现了地球。"

——威廉·安德斯，"阿波罗8号"宇航员（"地出"的摄影师）

当尼尔·阿姆斯特朗成为第一个踏上月球表面的人时，他的左口袋里装着一把窄窄的可伸缩的金属勺子，勺子连着一个小袋子。在插上旗帜或跳上一跳之前，他的第一个也是最紧急的科学指令，就是舀起一点月尘塞进口袋。原因是什么？如果任务出现意外，他和他的登月同伴巴兹·奥尔德林（Buzz Aldrin）不得不离开那里，地球上的科学家们仍然有东西可以研究。在强调政治影响和检阅仪式的同时，我们常常忘记登月主要是一项科学任务。

那袋月尘连同48磅的月球卵石和岩芯样本一起来到了地球。这些月球物质，连同随后的五次阿波罗任务带回的另外800磅物质，不仅会改写月球的起源故事，也会改写整个太阳系的起源故事，甚至可能改写生命本身的起源故事。在人类走出自己星球的大气层之前，我们对太阳系的其他世界知之甚少，也不知道它们是如何变成现在这个样子的。

在阿波罗任务把一批批月球岩石带到地球进行深入研究之前，科学家们对月球的形成持有三种假设：

1. 月球与地球在近旁同时形成。
2. 月球在其他地方形成，但当它误入地球轨道时被地球引力捕获。
3. 地球曾经飞速旋转，以至于它的一部分被甩出去形成了月球。

下页图：一个火星大小的天体与年轻的地球发生剧烈碰撞，可能使碎片移位，最终形成了月球

对月球岩石的分析，原本是为了证实其中的一个主要观点，却激发了一个全新的概念：大撞击假说。

故事是这样的：太阳形成后大约一亿年，许多年轻的行星——原行星——围绕着早期的太阳系旋转，在不断进行的宇宙台球比赛中相互撞击，最终将所有天体固定在当前的位置。一颗火星大小的原行星从侧面撞上了几乎完全形成的地球，形成了一个碎片环，孕育了我们的月球，也改变了地球的命运。科学家们甚至用希腊宗教中的一个名字，忒伊亚（Theia），即月亮女神塞勒涅（Selene）母亲的名字来命名这个假想天体。

想象一下：在天空中划过一道发光的弧线，新生的碎片环在头顶旋转。在这些碎片环中，万有引力发挥着它的作用，在吞噬小碎片的同时，也使大碎片变得更大。环状物质迅速融合成一个巨大的物体——我们的月球。不断增加的压力和摩擦力产生了巨大的能量，月球变成了一个炙热的岩浆球。新月球离地球

宇宙难题
没有月球的生命

无论月球是在什么情况下形成的，事实是，没有月球，地球上的生命将是不可能或无法想象的。地球自转时倾斜23.5度。这种倾斜造成了我们的四季。当北半球朝向太阳时，就会经历夏季；当北半球偏离太阳时，就会经历冬季。南半球也是如此。赤道永远处于两者之间，没有四季之分。如果没有月球持续不断的引力来稳定我们的倾斜度，地球的地轴就会大幅摆动，从无季节迅速转变为全面的冰期。在这样一个不稳定的环境中，生命形式的发展会非常困难，更不用说生存多长时间了。

的距离比现在近20倍，亮度增加了400倍。

忒伊亚本身的命运仍然是个谜。最有可能的是，它如果真的存在，也会在撞击后解体，为年轻的地球和新生的月球贡献其质量与成分。尽管大撞击的说法不断受到一些研究的质疑和修改，包括正在进行的阿波罗岩石研究，但它仍然是月球形成的主要假说。

阿波罗样本显示，月球的组成成分与地球的地壳极为相似：这是指向侧面撞击假说的重要线索。如果月球是一个被地球引力捕获的流浪天体，那么差异就会大得多。这些样本还表明，月球表面曾经是一个岩浆海洋，较重的矿物质沉到底部，较轻的则漂到顶部。没错，岩石可以漂浮，但只能在密度较大的海洋中。然而，最令人信服的大撞击证据来自阿波罗宇航员放置的地震探测仪器。这些仪器的数据显示，月球内核很小，含铁量很低，对于如此巨大的物体来说，这是一个奇怪的发现。

> 考虑到它在太阳系中的位置，月球作为一颗卫星，与其所在的行星相比是相当大的。它的直径是火星的一半，而火星本身就有两个小行星大小、土豆形状的卫星。

考虑到它在太阳系中的位置，月球作为一颗卫星，与其所在的行星相比是相当大的。它的直径是火星的一半，而火星本身就有两个小行星大小、土豆形状的卫星。换句话说，如果月球是太阳系中土生土长的，而不是从地壳中崩裂出来的，它就应该含有重元素的核心，就像太阳系中所有其他大型球状天体一样，这些天体都是从我们最初的太阳星云中提取的成分。

这并不意味着所有人的疑虑都已消除。大撞击假说无法调和几个地球化学的不一致性，而且"阿波罗号"取样的月球面积非常小，令人沮丧。因此，至少在人类返回月球进行更深入的取样和进一步研究之前，月球起源的说法在很大程度上仍然是假说。

潮汐力

当艾萨克·牛顿意识到苹果的下落与月球在轨道上的运行受相同定律的支配时，他写了一个计算宇宙中任何两个物体之间引力的公式。应用牛顿方程，你可以证明两个物体越靠近，引力就越大。例如，当你站在地球上时，地球引力在你脚下比在你头上稍强。这个差别小之又小，所以不要把你头重脚轻归咎于它。地球对你脚部的拉力只比头部大0.00006%。

所有物体都会感受到这种简单的引力（正式名称为潮汐力）差异，因为宇宙中所有其他物体的引力都在牵引它们。潮汐力是各种宇宙现象的直接原因，而这些现象之间看似毫无关系。

潮汐力在很大程度上取决于距离——两个天体之间距离的轻微增加会使潮汐力的强度产生巨大差异。例如，如果月球与我们的距离是现在的两倍，它对地球的潮汐力就会减弱八倍。月球目前与地球的平均距离为24万英里，它对地球上离月球最近的部分的吸引力要比离地球最远的部分大，从而产生了相当大的大气潮汐、海洋潮汐和地壳潮汐。另一方面，太阳距离地球非常遥远，尽管引力强大，但它对地球的潮汐力只有月球的一半。

最明显的后果就是潮汐，因为海洋向月球伸展。同时，随着固体地球的不断自转，大陆架不断将地球海洋中的大约100亿亿吨海水推向前方。这种力形成了一个海洋隆起，它总是略微位于月球每月运行轨道的前方。地球在隆起内旋转，海水冲刷大陆架和海岸时，地球会受到巨大的摩擦力。结果呢？随着时间的流逝，地球自转的速度越来越慢。如今，白昼正在以每个世纪每天约两毫秒的净速度变长。这听起来并不多，但以这样的速度，整秒加起来就很快了。这意味着，一个世纪后，每天的时间都会延长两毫秒。两个世纪后，每天快四毫秒，以此类推。自1972年起，我们正式用闰秒来调整每天的时间计算，按照日历法令，根据需要每隔几年在6月底或12月底实施一次闰秒。

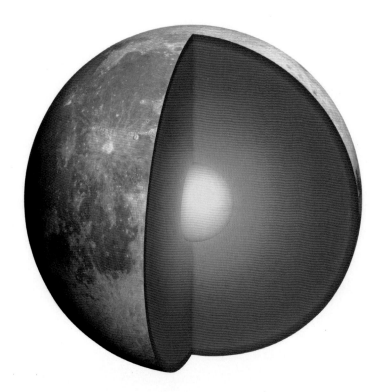

月球最外层有 45 英里深，比地球的地壳还要厚。
下面是厚达 620 英里的地幔和一个小的含铁元素的固体内核

> 想象一下月球刚刚
> 形成时的潮汐状况。月
> 球与地球的距离比现在
> 近 20 倍，月球的潮汐力
> 比现在强 8 000 倍。

回到过去，想象一下月球刚刚形成时的潮汐状况。月球与地球的距离比现在近 20 倍，月球的潮汐力比现在强 8 000 倍。据估计，当时地球的自转速度要快得多，因此一天只有 4 小时或 6 小时，而不是现在的 24 小时。从那时起，我们的生活节奏就开始变慢了。

地球自转速度减慢的最佳证据来自日全食的详细记录，这些记录可以追溯到许多世纪以前。如果过去地球的自转速度较快，那么在地球表面看到的日全食就会错过我们以目前的自转速度预期的日全食点。

历史记录恰恰显示了这一点——最早记录的日食沿着地球表面向西偏移了大约 6 000 英里，而在今天这个自转速度更慢的星球上，人们看到的日食位置可能要偏西大约6 000英里。

与此同时，地球隆起的引力场在月球轨道上稍稍靠前，起到了能量泵的作用，慢慢地将月球摇晃到一个越来越大的轨道上。需要证据吗？1969年，当尼尔·阿姆斯特朗和巴兹·奥尔德林访问月球的宁静海（Sea of Tranquility）时，他们留下的东西中有一块镜面板，其设计目的是让光线反射的方向与光线到达的方向完全相同。从登月后不久开始，最初是在得克萨斯州的麦克唐纳天文台，直到今天在法国、德国和意大利的天文台，地球上的大功率激光被发射到月球上，返回信号则被精心计时。

知道了光速，我们就能以前所未有的精确度计算与月球的距离。在我们对多个反射镜进行的数十年基线测量的启发下，我们现在知道，月球正以每年约1.5英寸的速度螺旋式地远离我们，正如潮汐学理论所预测的那样。地球自转将继续减慢，月球也将继续螺旋式地远离我们，直到地球上的一天正好等于月球上的一个月。到那时，地球自转一周将持续1 000多个小时，这就需要每天增加400万闰秒。不过，现在还不必惊慌。我们还有超过1万亿年的时间来考虑这个问题。

与此同时，地球对月球的潮汐力早已完成了它的工作：月球的自转速度已经减慢，正好等于它绕地球公转的周期。每当这种情况发生在任何一个轨道天体上，它都会以同样的面貌出现在它所环绕的天体上——这就是潮汐锁定。这就是为什么从地球上看，月球永远有正面和背面。从月球的正面看，地球永远不会落下。不过在满月期间，月球的所有面都能接收到阳光。因此，与通常的说法、民间传说以及平克·弗洛伊德1973年最畅销的摇滚专辑名称相反：月球现在没有，过去也没有"背面"。

请记住，地球还要继续减速。当地球的自转速度减慢到与月球的轨道周期完全吻合时，地球将不再在其海洋潮汐隆起内自转，地月系统将实现双重潮汐锁定。（听起来像是一个未被发现的潮汐锁定。）恰好，双重潮汐锁定在能量上是有利的——有点像一个球停在了山脚下。它们在宇宙中轨道紧密的双星系统中很常见，我们的太阳系中甚至也有一对。地月系统和冥王星－卡戎系统都是运行在轨道上的双星，其中卫星都在附近，与主星相比相对较大，这种结构导致了强大的潮汐力。地球潮汐锁定了月球，而冥王星和卡戎则潮汐锁定了彼此。

有时人们会问，月球的潮汐力是否会影响人类的行为。答案是肯定的，只要你有一个非常非常大的脑袋。如果你的大脑直径是 8 000 英里（地球的平均直径），那么月球的潮汐力确实会让你的头盖骨明显变长，并对你的智力产生难以言喻的影响。然而，对于正常智人来说，月球引力对头部一侧到另一侧的影响差异微乎其微，仅能将你的头部压扁千分之一毫米。你自己 10 磅重的头所产生的重力明显大于月球对它的潮汐力——那些写狼人和其他由月球导致的失常行为的人不在其内。

火星

尽管金星帮助根除了地心说，但至少在天文学家中，是约翰内斯·开普勒对火星的分析颠覆了一个在当时的世界观中更加根深蒂固的概念：圆周运动。

古代和中世纪对太阳系的基本看法是对球体与圆形的痴迷，认为它们是最完美的自然形态。为了解释天体的逆行运动，托勒密将恒星的背景和游荡的行星分配到不同的水晶球中。每个天体都嵌套在自己的球体中，球体由一种叫作以太的无形物质构成。万物围绕地球做完美的圆周运动。

哥白尼在提出简化的日心说模型时，保留了圆周运动的概念。球体和圆形在天文学思想中根深蒂固，放弃圆周运动的概念几乎就像放弃地球在宇宙中心的位置一样难以想象。但是随着测量方法的进步和地心模型开始动摇，圆周运动的假设也随之衰落。

1601 年，约翰内斯·开普勒来到布拉格，为神圣罗马帝国举世闻名的宫廷天文学家第谷·布拉赫工作。布拉赫致力于仔细观察和测量。在他最先进的"瞄准管"和日益完善的行星运动数据的帮助下，他遇到了一个令人困惑的问题：火星。托勒密的地心宇宙模型运行良好，足以让人们认为宇宙是相当有序的。但

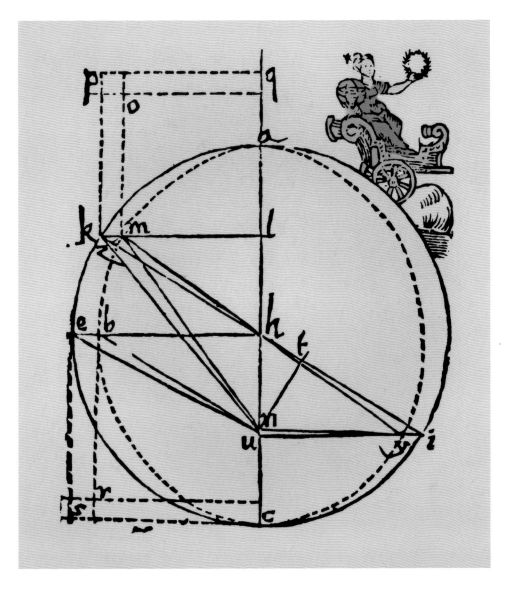

德国天文学家约翰内斯·开普勒（1571—1630）提出了行星运动的三大基本定律，
这里以火星轨道将其概念化

是，随着布拉赫的仪器能够进行更精确的测量，莫名其妙的不协调现象出现了。

　　布拉赫考虑过哥白尼模式、托勒密模式，甚至是他自己的两种模式的结合。但无论他怎么尝试，火星始终都没有出现在预设的位置。于是，布拉赫把火星问题交给了他的新助手，自己则忙于研究整个太阳系。

为了解决这颗顽固行星的问题，开普勒不得不打破支撑宇宙假定结构和运动的最基本原则：圆形轨道。只有扁圆形的轨道，即椭圆，才能解释火星的异常运动。圆的中心点是单一的，而椭圆不同，它有两个中心点。在太阳系中，巨大的太阳位于一个焦点上，而另一个焦点上什么也没有。

1609年，开普勒在《新天文学》（*Astronomia Nova*）一书中公布了他的发现，并提出了他的行星运动定律的前两条，10年后又提出了第三条：

1. 轨道定律：所有行星都以椭圆形轨道围绕太阳运行。

2. 面积定律：连接行星和太阳的直线在相等的时间内穿过相等的区域。换句话说，行星离太阳越近，运动得就越快。

3. 周期定律：行星轨道的运行时长和大小在数学上是相关的。轨道越大，行星完成轨道所需的时间就越长。

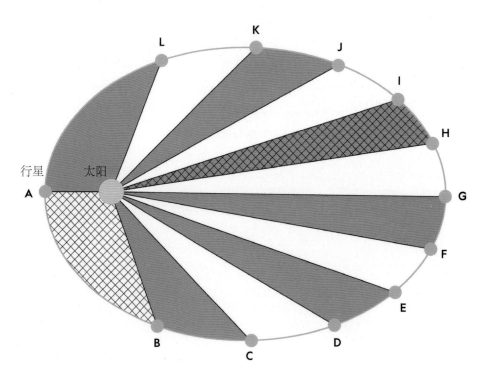

根据开普勒第二定律，所有这些三角形的面积都相等

这三个行星运动定律为几十年后牛顿发现自己的三大运动定律和万有引力定律奠定了基础。

但是，当时包括伽利略和笛卡儿在内的大多数主要思想家，无论是出于形而上学的、哲学的还是宗教的原因，都仍然非常执着于完全圆周天体运动的观念，因此开普勒的激进理念迟迟未能深入人心。然而，哥白尼体系和开普勒定律逐渐巩固了自己的地位，刺激了新的发现，并在18世纪达到顶峰，哲学家托马斯·潘恩称之为"理性时代"。

火星上巨大的水手峡谷群绵延近 2 000 英里，使科罗拉多大峡谷相形见绌

想象的火星人

在开普勒破解火星之谜400多年后的今天，这颗红色星球仍然是除地球和月球之外研究最多的天体。在由飞掠火星的探测器、轨道飞行器和漫游车组成的舰队对火星进行近距离探测之前，人类一直希望发现火星是一个类似地球的世界，也许那里居住着外星智慧生命。

1695年，荷兰数学家克里斯蒂安·惠更斯（Christiaan Huygens）在弥留之际完成了关于这一主题的第一部论著。该书在他死后出版，名为《宇宙论：或关于行星居民的猜想》。

早在几十年前，惠更斯使用比伽利略的更好的望远镜，首次发现了土星环及其卫星土卫六。他还准确地估算出火星一天的时间与地球一天的时间相等，并绘制了这颗红色行星的巨大中央平原，即大瑟提斯（Syrtis Major）的第一张地图。对于惠更斯和他那个时代的许多其他思想家来说，外星生命可能居住在这些不断出现的世界上的想法是显而易见且令人兴奋的。但惠更斯更进一步，他认为地外生命的存在不仅符合基督教《圣经》，而且是其教义的必然组成部分。他写道：

> 现在，如果我们认为行星上只有广袤的沙漠，以及没有生命、死气沉沉的原料和石头，并剥夺它们所有那些更清楚地表达其神圣建筑师的生物，我们就是将它们的美丽和尊严置于地球之下；这是任何理智都不会允许的……

到19世纪末，望远镜已经足够先进，可以看到火星的一些地形特征。当意大利天文学家乔瓦尼·斯基亚帕雷利（Giovanni Schiaparelli）在火星与地球相距最近（每26个月一次）的时刻观测火星时，他惊讶地发现火星表面有许多笔直的通道。在宣布他的发现时，他用意大利语"canali"来描述他所看到的。如果你不懂意大利语，但自以为懂，你可能会误把这个词翻译成"canal"（运河）——在斯基亚帕雷利的时代，这个词广为流传，因为人类工程学的奇迹苏伊士运河那时刚刚竣工。

火星有通道是一回事，有"运河"则是另一回事。

人类的想象力惯于跳跃式地得出结论。美国天文学家珀西瓦尔·洛厄尔（Percival Lowell）——他本可以再多学点意大利语课来帮助理解——提出了"运河"假说，即聪明的"火星人"挖掘了纵横交错的水道，将火星表面宝贵的、精心挑选的水源从冰冷的两极运送到需要水的赤道地区。部分受这一概念的启发，传奇科幻小说家威尔斯（H. G. Wells）写下了有史以来最著名的故事之一，即《世界大战》（The War of the Worlds）。小说讲述了充满敌意的智慧"火星人"在自己的星球变得干涸枯竭后，为了寻找新家园而入侵地球的故事。

尽管洛厄尔坚持不懈，并对他声称看到的线条进行了多年的测绘，但大多数天文学家没能观测到所谓的"运河"。即使是使用现有最强大的望远镜最仔细、最严谨地观测火星冲日，也没有发现"运河"存在的证据。然而，洛厄尔的线条受到了普通公众和科幻小说迷的青睐，甚至出现在美国国家航空航天局"水手4号"火星探测器的规划图上。

然而，到了20世纪60年代末，后来的"水手号"飞行任务和先进的望远镜技术拍摄到了足够多的火星表面图像，使人们不再相信有"运河"的存在。显而易见，"运河"只是一种光学幻觉，主要是由于人类倾向于看到我们希望看到的东西，而不是真实的东西。

由于洛厄尔的观测早于天文摄影技术，他报告的是他认为自己看到的东西，而不是实际存在的东西。在我们继续探索太阳系及太阳系以外的世界时，他那不正确但又坚定的说法在遇到经验证据时就变成了妄想——这是一个令人惭愧的教训。

珀西瓦尔·洛厄尔的彩色绘图（1905）展示了他认为穿越火星表面的"运河"

探索火星

1965年，"水手4号"探测器传回了火星的第一张特写图像，揭示了火星坑坑洼洼的表面。探测器还传回了火星稀薄的大气层、冻结温度和微弱的磁场等信息，这使得目前在火星上繁衍复杂生命的希望破灭了。即便如此，火星仍然是我们所知的最像地球的行星。它甚至可能在远古的某个时候看起来像地球——一个拥有湖泊、冰川甚

水的三相点

如果你曾经在高海拔地区做过饭，你就会知道需要调整烹饪时间，因为在高海拔地区较低的大气压力下，水沸腾时的温度比海平面低。因此，当你在山顶上泡茶时，沸腾的水并不像你习惯的那样热，你需要将茶包浸泡得更久一些。如果你继续往上爬，压力就会继续降低，水的沸点也会继续下降。最终，你会遇到一个沸点与冰点相同的大气压力。如果你能上升到大气压力那么高的地方，你就能在同一个水池中同时维持冰、蒸汽和液态水的状态。物质在这三种状态下共存的温度和压力就是它的三相点。

火星表面将是一个尝试该实验的好地方。在某些区域，你可以把冰块丢进一桶沸水中，看着两者共存。但是，如果你想用火星上的水泡茶，压力的最微小波动都会自发地将你的液体饮料变成固体冰块或水蒸气，给你带来不愉快的轮盘赌式啜饮体验。

至植被的肥沃世界。

在"水手4号"传回第一张模糊的火星图像十年后，"海盗号"任务——两个轨道飞行器，每个都有自己的着陆器——详细揭示了火星的地貌和动态历史。在这颗红色星球表面留下的山谷和沟槽表明，这里有一个巨大的、已经消失的河流、湖泊和洪泛平原湿地网络。

随着时间的推移，火星冷却，内核凝固，火星无法再维持保护性磁场。据我们所知，只有不断翻滚的熔融金属内核才有可能形成这样的磁场。磁场可以保护行星表面免受太阳风高能粒子的侵袭，否则这些粒子会造成严重破坏。但是火星没有这样的保护。它的大部分大气层和几乎所有的液态地表水都在很久以前蒸发了，只留下了一些痕迹。火星上仍然存在的水要么被困在极地冰盖中，要么深埋地下。

如今，火星是一片寒冷的冻土带，地表平均温度为零下80华氏度，冷得足以让冰天雪地的西伯利亚显得温暖宜人。在地球上，你不会看到人们争先恐后地在北极或南极定居。然而，如果人类要成为多行星物种，最合理的移民目的地将会是火星。

火星的地球化

火星拥有一个地球2.0的启动包：一点大气层、一些重力和（我们认为）潜藏

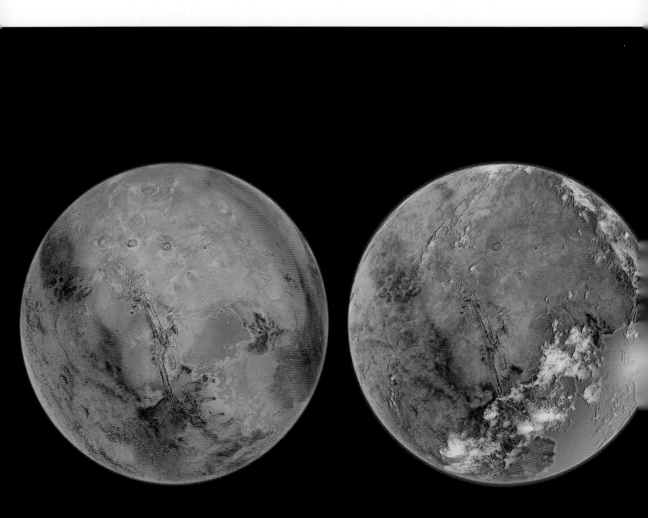

在地表下的水冰储藏，就像永久冻土一样。只需添加热量。需要进行一些组装。

除非人类想生活在人工栖息地里，并任由其摆布，否则我们就得想办法在地表生活和呼吸，把环境改造成适合我们脆弱身体的环境。换句话说，我们要对其进行地球化改造。埃隆·马斯克梦想用核弹把火星变成一个适宜人类居住的温度区，这就是地球化的一种极端方法。这听起来像是漫画书中的超级反派可能会想到的办法，但原则上是可行的。

我们知道火星冰盖的存在已经有一段时间，我们的火星漫游车和轨道飞行器也在不断探测到地下的水。因此，是的，在两极附近引爆足够多的炸弹，火星的大部分冰层就会融化，释放出丰富的二氧化碳和水蒸气。这些温室气体可以覆盖火星并捕获热量。不过，这种方法也存在一些问题：

它可能是什么样子？这个延时模拟设想了一个地球化的火星

1. 它可能引发另一场冷战。

我们需要引爆数千枚核武器才能产生足够的热量。通过太空运输这么多核弹的后勤工作本身似乎就难以置信，但必须有人负责制造和监控这些核弹——如果历史能给我们一些启示，那么围绕任何人制造核武器而产生的恐惧都会像实际引爆核武器一样对人类造成危害。

2. 它可能引发核冬天。

火星上尘土飞扬。如果核弹掀起的碎片足以阻挡阳光，那么火星的温度会急剧下降，而不是上升。事实上，大约 6 600 万年前，当一颗小行星撞击墨西哥尤卡坦半岛时，地球上大部分恐龙和四分之三的其他生物就是这样被杀死的。大量火山灰和尘埃被喷射到大气层中，天空变得昏暗，光合作用也随之停止，食物链的基础被摧毁，生命灭绝的浪潮席卷全球，并通过生命之树一路向上。

3. 它使"首要指令"受到质疑。

每个《星际迷航》的航行者都要遵守"首要指令"，这是一条明确禁止干涉外星星球或生命的太空法律。我们呢？美国国家航空航天局的行星保护办公室致力于实施相关政策，并就如何防止外星生命污染地球以及防止地球生命污染太阳系中可能孕育生命的其他地方提供建议。我们仍然不确定火星是否存在（或曾经存在）自己的生命。如果存在，那么摧毁他们的世界会带来怎样的伦理影响？火星上的生命，如果真的存在，可能等同于池塘里的浮渣。池塘里的浮渣有生存的权利吗？

这里有一个更温和但同样怪异的替代方案，可能会奏效，即巨型太空镜。美国工程师罗伯特·祖布林（Robert Zubrin）与美国国家航空航天局行星科学家克里斯托弗·麦凯（Christopher McKay）建议，在火星轨道上放置一面巨大的镜子，并将其放置在合适的位置，这样就能将阳光反射并重新导向火星两极，从而融化冰层。只要镜子保持在它应该在的位置，这种方法对未来人类定居者的威胁就会小得多。听起来不错。但我们的老对手——火箭方程，很可能会阻碍这一计划。这种大约80英里宽的镜子，重达几十万吨，将被证明是不可能从地球上发射的有效载荷。这样一个项目需要在太空中建造，使用在太空中开采的材料——这比从地球上运东西要便宜得多。

任何地球化计划都会遇到一个无法回避的问题，那就是火星上的二氧化碳含量根本不足以引发全球变暖。事实上，一些科学家认为，要引发任何气候变暖，我们需要在火星上释放比地球上人类释放的更多的二氧化碳。

无论如何，如果人类开发出足够的地球工程技术，在毁灭我们的星球之后将火星变成另一个地球，作为我们的逃生计划，那么，我们就一定能够利用这种智慧让地球重新变得宜居，使我们自己从一开始就不需要 B 星球。

小行星带

在火星和木星的轨道之间，有一个由碎片、小行星和一颗矮行星组成的环，把四颗岩石内行星和四颗气态外行星分隔开来。这条分界线是由约46亿年前宇宙台球游戏的残留物组成的。

早在这些行星被发现之前，约翰内斯·开普勒就推断火星和木星之间的空间过于空旷。他认为，在火星和木星之间一定存在着一颗行星。其他天文学家也同意这一观点，于是两个世纪以来，人们一直在寻找这颗失踪的行星。

1801 年元旦，意大利牧师兼天文学家朱塞佩·皮亚齐（Giuseppe Piazzi）在记录恒星位置时意外发现了天体异常：他在日记中写道，这是一颗"新星"，"有点暗，颜色像木星"。当光线在其他恒星的背景下移动时，他知道自己在太阳系中发现了新东西。起初，他认为移动的光线是一颗彗星，他提醒天文学界注意这一发现，并将其命名为谷神星（Ceres Ferdinandea）。最终，对其轨道的改进计算表明，它比彗星要大得多，是一种我们在 21 世纪归类为矮行星的东西。很快，在天空的同一区域发现了更多的"行星"，一时间，我们的太阳系拥有了11颗行星：水星、金星、地球、火星、灶神星、婚神星、谷神星、智神星、木星、土星和天王星。

英国天文学家威廉·赫歇尔（William Herschel）注意到，这些"新来者"在望远镜中都只显示为光点，就像恒星一样。他意识到，不管它们是什么，它们一定比真正的行星小得多。于是，赫歇尔提议将它们称为"小行星"——源自希腊语 aster，意为"恒星"。到19世纪中期，人们发现了更多的所谓行星，天文学家们准备采用赫歇尔的分类方法。今天，我们认识到小行星带，即火星和木星之间的区域，是成千上万颗天体的家园。其中一颗甚至被命名为泰森（13123号小行星）。

潜在的灾害：小行星和彗星

想象一下，一颗巨大的小行星正向我们飞来，而轨道力学定律排除了任何偏离的希望。它很大，可能直径有半英里。它的逼近速度是每小时几万英里。我们该如何应对这一威胁呢？

多部高成本电影对这一场景进行了探讨，包括众星云集的《不要抬头》（*Don't Look Up*，2021），该片讽刺了当代的反科学思想。电影《天地大冲撞》（*Deep Impact*，1998）和《世界末日》（*Armageddon*，1998）都试图用科学和工程技术来摧毁致命的入侵者。

《世界末日》的剧本和场景本身每隔一阵就违反的物理定律肯定比其他任何电影都要多。但正因如此，分析起来才更加有趣。《世界末日》的解决方案是训练一批石油钻井工人成为宇航员。然后，他们会在即将来袭的小行星深处钻探，并安放一枚核弹，将小行星炸成两半，并将它的每一块碎片送上远离地球的轨

右图：关于织女星周围遍布碎片的小行星带艺术渲染图

道。暂且不论训练宇航员在小行星上钻探是否比训练石油钻探者成为宇航员更容易，小行星可不会裂成两半。它会爆炸成无数无法预测的碎片，其中许多碎片会以更快的速度飞向地球。

此外，英国莱斯特大学的一群物理系学生计算出，《世界末日》解决方案所需的炸弹威力大约是地球上爆炸过的威力最大的炸弹的10亿倍。正如我们所说的，这部电影在物理学上玩得很散漫。

最好的解决方案远没有那么戏剧化。只要向不同的方向轻轻一推，就足以让小行星偏离，离开我们的轨道。这种轻微的推动可以来自各种策略：

1. 喷漆。

这听起来很荒唐，但喷漆可以让小行星远离地球。你只需要把小行星的一半喷成白色。这样，浅色的一面就会比深色的一面反射更多的太阳能量，从而导致动量失衡。在足够长的时间内，这种压力差足够大，就会导致小行星偏离航道。但如果我们不能及时把巨大的彩弹枪送到它面前呢？

2. 让它慢下来。

我们可以放置一系列物体，作为小行星前进道路上的绊脚石。每次撞击都会消减一些动能，使小行星的速度稍稍减慢，因为地球会通过其惯常轨道脱离危险。但是，如果有一个没有击中目标呢？

3. 用太空探测器撞击。

2021年11月，美国国家航空航天局的DART（双小行星重定向测试）航天器发射升空，这个航天器只有一辆汽车大小，其设计初衷是测试一个物体撞向一颗迎面而来的小行星的侧面是否足以改变它的运行轨迹。10个月后，远在700万英里之外的地球人观看了DART航天器接近目标迪莫弗斯（Dimorphos）时的现场直播——迪莫弗斯是小行星迪迪莫斯（Didymos）的一颗小卫星。一个灰色的、崎岖不平的世界出现了，越来越大，越来越

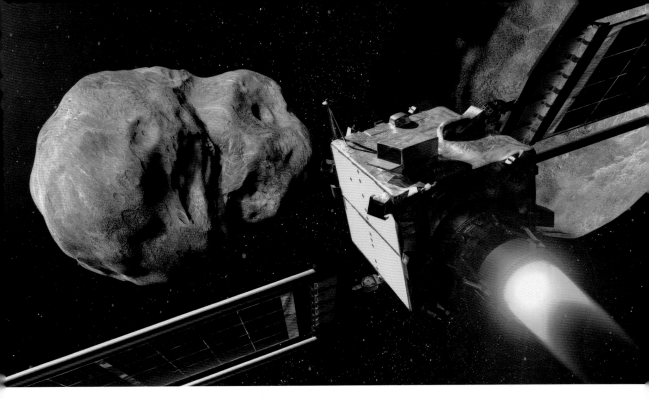

美国国家航空航天局的 DART（双小行星重定向测试）
航天器在撞击迪迪莫斯双小行星系统之前的插图

近，直到最后画面变成了空白，直接撞击。

这样一个相对较小的物体真的能改变小行星的运行轨迹吗？这就像两个后卫一头撞向吉萨大金字塔。但是，以每小时 15 000 英里的速度在真空空间中急速飞行的小行星，即使质量很小，也会造成严重破坏。几天后，碰撞产生的 6 000 英里长的尘埃和碎石尾迹划过我们的天空，这是粉身碎骨的 DART 航天器最后的致敬。科学家们证实，这颗小行星发生了轨道偏移。这是人类在宇宙中的又一个创举。

4. 用核弹轰炸。

与《世界末日》不同的是，核弹将放置在小行星表面的正上方。它的爆炸将使部分表面气化，从而稍微改变小行星的轨迹。

5. 利用引力对抗它。

由于宇宙万物都会产生引力，我们可以发射一艘飞船，靠近但不接触迎面而来的小行星。这两个物体会相互吸引，但我们的航天器会发射一连串的驻留喷射器——足以与小行星保持一定的距离，并随着时间的推移，轻轻地将它拽离原来的轨道。

在任何情况下，我们越早采取行动，成功偏转的机会就越大。迎面而来的物体离我们越远，使其偏离航道所需的偏差就越小。距离越近，偏转的幅度就越大。

天体物理学家斯蒂芬·霍金在2018年去世前曾警告说，人类面临的最大威胁是小行星撞击。两年前，美国国家航空航天局成立了一个专门负责监测和预防这种情况的部门——行星防御协调办公室（PDCO）。据我们所知，大型恐龙并没有实施这样的计划；如果有的话，它们很可能还活在地球上。毕竟，在小行星撞击希克苏鲁伯之前，它们在地球上游荡了近2亿年，而从那时起只过去了6 600万年。顺便说一句，这意味着你与霸王龙相差的时间，就像第一只霸王龙与最后一只剑龙相差的时间一样。这就是各种恐龙物种统治地球的惊人时间。

世界各地的航天机构经常发现和跟踪潜在危险的小行星（PHAs）与彗星。这个可怕的近地天体子集目前约有2 300个。虽然它们中几乎没有一颗会在下个世纪构成威胁，但有可能，甚至很有可能有几颗潜伏在广袤的太空中，至今下落不明。如果到了采取行动的时候，我们最好做好准备，而且要听从科学家们的意见。

气态巨行星

小行星带之外是气态巨行星和由挥发性物质构成的冰冻世界。那里有木星和土星，更远的地方还有冰巨行星天王星和海王星。

就像我们太阳附近的许多故事一样，这些气态球体的起源仍然存在争议。

曾几何时，科学家们推测太阳系中的所有行星都是在今天的位置上形成的，它们缓慢地将轨道上分散的物质聚合成一系列独立的大天体。但是，遍布岩石内行星的月球岩石和陨石坑表明，它们的形成过程要比现在动荡得多。

其中一个主要的假说被称为尼斯模型——以法国里维埃拉的一个沿海城市命名，这个想法就是在那里产生的。模型的部分灵感来自许多已知的系外行星，它们和木星大小相当，并且运行轨道非常靠近它们的主恒星。模型提出，巨大的外行星曾经离太阳更近。太阳周围还环绕着一大圈冰冷的星子和太阳系最初形成时留下的其他碎片。巨行星拉扯着一些外层碎片，使其向内太阳系飞去，导致了所谓的太阳系后期重轰击期。作为回应，巨行星自身的轨道也慢慢远离太阳。随着时间的推移，无数微小的相互作用，再加上这些行星之间的引力相互作用，会将一切重新洗牌，使它们到达现在的位置。如果这个假设成立，那么所有的轰击和重新洗牌也会把水冰与生命的基石送到内行星上。

▎ 木星

让我们思考一个地方的存在，它比地球大 1 300 倍，而且质量是其他所有行星总和的两倍。这个地方就是木星，以罗马众神之王的名字命名。当伽利略第一次用望远镜观察木星时，他震惊地发现有四颗清晰可辨的卫星围绕着它运行，这表明有些天体安然地围绕着地球以外的天体运行。为了纪念它们的发现者，人们将木卫一、木卫二、木卫三和木卫四统称为"伽利略卫星"。

在许多方面，木星是内太阳系，尤其是地球的保护神——尽管在诞生早期，它确实曾降下过灾难性的冰碎片冰雹。现在，它巨大的引力要么吞噬了许多可能正向太阳飞来的小天体，要么将它们甩向远方。

> **让我们思考一个地方的存在，它比地球大 1 300 倍，而且质量是其他所有行星总和的两倍。**

大红斑

木星是大气动力学的游乐场，它强化了所有由旋转引起的云层和天气模式。在科里奥利力的一次极其惊人的展示中，木星经历了太阳系中规模最大、能量最强、持续时间最长的风暴：一个反气旋，看起来就像木星高层大气中的一个大红斑点。我们称之为木星大红斑。它可能是英国物理学家罗伯特·胡克（Robert Hooke）在1664年发现的，更确定的是由意大利天文学家乔瓦尼·卡西尼（Giovanni Cassini）于次年发现的。三个半世纪后，大红斑仍然风暴不断。

顺便提一下，大红斑比地球还大，深达300英里，不过它的大小和形状随着时间的推移而变化。它位于木星的南半球，逆时针旋转，这立刻向我们说明它是一个高压系统。它的颜色从橘红色到几乎看不见的淡奶油色不等，一般认为是磷和硫化合物的不同浓度造成的，还有一点氨。20世纪70年代末，"旅行者号"飞掠任务拍摄的特写图像显示，在黑斑和周围大气层的交界处，出现了一个五颜六色的旋涡。清晰分明的水平带与无数较小的气旋和反气旋交错在一起，也让木星看起来像一个巨无霸汉堡的古老横截面。

是什么推动了木星的巨大风暴？到目前为止，我们只能做一些有根据的猜测。木星辐射的热量是它从太阳接收的热量的两倍。此外，木星内部巨大的热储量也能驱动大气流动模式。内部热量的一个来源可能是微量元素的放射性衰变，而另一个来源可能是木星在太阳系早期阶段从原行星云收缩成行星时的剩余热量。大红斑的维持能量也可以从其他地方获取。在地球上，飓风的部分驱动力来自雨滴凝结时释放到大气中的潜热；受热后的空气迅速上升。木星大气层中的气体向液态内部凝结时，也许也有类似的机制。

右图：2018年，美国航空航天局"朱诺号"航天器捕捉到木星动荡的南半球图像，在那里，大红斑在另一场名为 Oval BA 的巨大风暴旁旋转

人们还观察到大红斑会吃掉其附近较小的涡旋（eddy），这种"吞食"行为会产生另一种能量来源。[在听说木星上的大气现象后，美国全国广播公司（NBC）的气象学家阿尔·罗克尔评论说："我曾经认识一个（生活）混乱的埃迪（Eddie）。"[1] 当被问到"他现在在做什么？"时，阿尔回答说："谈了5~10个对象吧。"]

关于大红斑的许多问题依然存在，包括它是何时形成的，以及会持续多久。我们从知道它就已经有300多年了，但它本身可能更古老。在过去的几十年里，科学家们注意到它正在缩小，从一个拉长的椭圆形变成了一个更圆的形状。有科学家认为，它可能会完全消失；其他人则持怀疑态度。新的任务装备了能够承受木星极端温度、压力和湍流的技术，为解决有关这个巨大的木星风暴的持续性问题提供了唯一的途径。

▎探索木星

关于木星深层云层内部情况的线索出现于1995年，当时"伽利略号"探测器驶过5 000万英里外的木星，降下了一个700磅重的大气探测器，用来测量温度、密度、成分、光散射、辐射通量和闪电。该大气探测器以每小时超过10万英里的速度穿过外部大气层，传输了近一个小时的数据，直到强大的压力迫使其发射器失灵。木星的平均温度不超过零下200华氏度，但这颗气态巨行星内部的温度很可能超过4万华氏度——大约是地球温度的4倍。但是，我们对木星最深、最热层内发生了什么仍然知之甚少，包括它的内核，一种奇怪的无边界、弥漫的高密度物质，横跨行星半径的一半。木星可能还拥有整个太阳系中最大的海洋，但它不是由水构成的。相反，木星海洋中充满了地球上最稀有的元素之一：液态金属氢。

---

1 Eddie（埃迪）与 eddy（涡旋）的英语发音一致。

一颗失败的恒星

木星的体积比太阳系外的几颗恒星还要大。和我们的恒星太阳一样，木星几乎保留了所有诞生时的气体，主要由氢（约90%）、一些氦（近10%）和少量较重的元素组成。然而，与我们的恒星不同，木星核心的压力达不到热核聚变所需的压力，这就是为什么它被不公平地称为"失败的恒星"。

你可能会想，如果木星的质量再大一点，我们的太阳系就会变成双太阳系。不过，如果是那样的话，你今天就不会活着读到这本书了。事实上，木星需要达到目前质量的70倍以上才能在其内核引发核聚变。所以说，它从未失败过，因为它从未获得过成为恒星的机会。相反，你也许应该称赞木星作为行星所取得的巨大成功。

在地球上，我们认为氢是一种气体。但在高压下，比如在木星深处，氢会液化，并能像金属一样发挥作用，拥有同金属一样的性质。这就是木星巨大磁场的起源。在木星条纹状大气层的底部，氢雨滴落入液态氢的海洋——在摇滚乐队"火车"（Train）于2001年创作的热门歌曲《木星之泪》（*Drop of Jupiter*）席卷全美电台之前，我们就已经猜到了这一点。听过吗？这是一首爱情民谣，其中还不经意地提到了地球大气层、月球、流星、星座和银河系。

舒梅克－列维

1994年7月，全世界的天体物理学家将望远镜对准木星，等待着即将发生的一系列大灾难。一颗被命名为"舒梅克－列维9号"（简称 SL-9）的彗星的碎片即将撞向木星，这也是有史以来首次观测到的地球以外的两个天体之间的碰撞。

这颗彗星是卡罗琳·舒梅克、尤金·舒梅克和戴维·列维在一年前才发现的，在之前的一次飞掠中，它已经被木星巨大的潮汐力撕成了几英尺到一英里不等的碎片。1994年再次与木星相遇时，几十块彗星碎片以每秒37英里的速度撞击木星的偏南区域，留下的持久伤痕比木星气态表面的大红斑还要鲜艳。

大多数碎片的碰撞能量堪比6 600万年前的地球大灭绝事件。因此，不管它们造成了什么破坏，可以肯定的是木星上没有恐龙。SL-9事件表明，太阳系中仍然可能发生灭绝级别的撞击，我们脆弱的地球确实仍然很脆弱。当时，舒梅克夫妇和列维是为数不多的积极搜寻太阳系中小行星和彗星的科学家。（这颗彗星被命名为 SL-9，意味着他们三人之前已经发现了另外8颗彗星。）木星的悲惨遭遇很快促使其他人开始监测太阳系中危险的近地天体（NEO），以免我们面临类似的命运。行星防御应运而生。

土星

土星是七个原始漫游者中最遥远的一个，以环绕着它的壮观星环系统最为人熟知——伽利略于 1610 年首次观测到这一系统。这些星环为土星赢得了"太阳系宝石"的称号，这是名副其实的。如果古人能近距离欣赏到土星的美丽，也许他们会给它取名为金星，而不是用古罗马神话中农神（Saturn）的名字为之命名。

当伽利略把他那台经过改良但仍然相当简陋的新望远镜对准土星时，他惊呆了，因为他看到土星的侧面有两个巨大的圆形物体。虽然土星的不规则形状只呈现出几个朦胧的圆球，但他断定这颗行星是一个三体系统，有两颗比木星大得多的卫星。几年后，他再次观察土星，却发现那两个球体已经从视野中消失了。根据古罗马神话，农神在他的儿子出生后不久就把他们吃掉了。因此，伽利略在回答这个令人惊讶的消失时打趣道："难道土星吃掉了自己的孩子？"

1616 年，神秘的曲面物体又出现了，于是伽利略用一个新的想法取代了他的三体假说：土星有两臂从球体中伸出，就像两个锅柄，当正面看时，它们在更大的行星体中消失了。在接下来的 40 年里，困惑的天文学家们对土星奇特的形状变化提出了各种解释。但是，就像行星观测所引发的许多问题一样，只有随着望远镜的图像越来越清晰，才会有新的解释。

1656 年，克里斯蒂安·惠更斯用自己设计的更强大的望远镜对锅柄进行了为期一年的观测，他宣称："土星被一个薄薄的扁平环环绕着，环与环之间没有任何接触，并向黄道倾斜。"20 年后，乔瓦尼·卡西尼探测到在环的两个部分之间有一个微小的缝隙。这个缝隙现在被称为"卡西尼环缝"，宽约 3 000 英里。卡西尼还（正确地）提出，土星环本身是由无数他称之为小卫星的微粒构成的，而不是一个固体物体——这一假设直到两个世纪后才得到证实。他还发现了土星的四颗卫星。今天，我们知道土星环系统包含了它自己的一些小卫星和数十

这是一幅土星的背光全景图，
由"卡西尼号"轨道器的广角摄像机在2006年拍摄的165张照片组合而成

亿块水冰，分布在成千上万个环上。

如果站在土星的赤道上往上看，你可能根本不知道土星环的存在。我们现在知道，从地球上看，这些环时而消失，时而重现，因为它们太薄了，从边缘看时，它们几乎都消失了。尽管主环系统从土星向外延伸了大约17.5万英里（其微弱的最外层环又延伸了数百万英里），但整个系统在某些地方只有30英尺厚；大部分区域的厚度不到几百英尺。换句话说，这个系统的宽度是厚度的300万倍。如果普通厚度的玉米饼要达到这样的比例，它的直径就需要100个足球场那么大。

探索土星

与所有外行星一样，土星在20世纪70年代末和80年代初之前一直是个谜，直到"先驱者11号"与"旅行者号"探测器开始传回近距离的图像和数据。它们揭示了许多耐人寻味的景象：零下300华氏度的表面温度，以每小时1 000多英里的速度穿过赤道的狂风，以及环绕在北极上空的六边形风暴。数据还显示，土星的氢浓度高于木星。原来，土星含有如此多的氢，以至于它的平均密度比水还小。从理论上讲，这意味着整个行星都可以漂浮在水盆里——只要你能找到一个足够大的水盆，并且忽略其他几条物理定律。

但即使在多次飞掠之后，这颗环状行星的内部结构仍然是个谜，因为土星厚厚的气态表面遮挡了可见光，否则可见光可能会到达我们飞过的镜头。得益于卡西尼 - 惠更斯任务，我们对土星的了解有了进一步提高。该任务以18世纪的两位天文学家的名字命名，他们首次用红外线和可见光绘制了这个令人惊叹的世界及其众多卫星的星图。

从2004年进入环绕土星的轨道开始到2017年戏剧性地坠入土星大气层，这期间"卡西尼号"航天器一直围绕着土星运行，在其较大的环之间来回穿梭，同时观测着土星的80多颗卫星。其中一个发现是，蓝金色六边形是巨型风暴，与木星大红斑内的并无二致。关于它为什么是六边形而不是五边形，倒是已经建立了模型，但仍然没有完全弄明白。

卡西尼任务及其重达700磅、形似贝类的"惠更斯号"探测器所取得的一些最令人着迷的发现来自土星的卫星，而不是土星本身。"惠更斯号"在土星最大的卫星土卫六上着陆，这是地球上的物体首次在外太阳系的物体上着陆。在那里，它发现了令人惊讶的类似地球的地形。在厚厚的云层之下，在沙丘和峡谷之间，液态甲烷像雨水一样汇入流动的河流，而水库则被径流填满。

在地球上，我们知道甲烷是白蚁和牛胀气释放的强效温室气体，它也来自厌氧腐烂的动植物。在土卫六上，寒冷的环境意味着甲烷分子以液态而非气态的形式存在。据我们所知，土卫六是唯一一个能在其表面保留单个液态体的世界。这种能力，加上滴落的甲烷"雨"，构成了一种类似于地球水循环的状态——这对我们星球上的生命进化至关重要。在这些甲烷海洋中，会不会存在某种我们还不了解的生命呢？在厚厚的地壳深处，液态水和氨的汪洋大海可能会吞没土卫六的整个地层。这里可能蕴藏着我们可以理解的生命。

海洋世界和寻找（我们所知的）生命

寻找太阳系中的生命隐含着寻找我们所理解的生命。这就是单一例子的诅咒。在整个宇宙中，我们只知道一个星球和一种生命。霸王龙、智人、大肠杆菌以及其他大大小小的生物都有一些共同的关键特征，归根结底，它们都有一个单细胞的共同祖先。大约在40亿年前的某个时候，当我们年轻的星球刚刚开始从火山活动和重型轰炸中冷却下来时，一个由碳和其他定义有机化学的原子组成的细胞在一个充满温暖液态水的世界中出现了。这种细胞消耗能量，发生化学反应，自我繁殖，生命由此开始。从此，单细胞生命在地球上统治了30多亿年。如今，当我们地球人在太阳系的其他地方寻找生命时，我们倾向于寻找像我们古老的微生物祖先那样的原始生物。

> 木卫三是太阳系中第九大天体，它的地下咸水海洋可能比月球最深的海沟还要深九倍。

拥有全球液态水深海的世界应该是一个理想的起点。如果你问大多数人在太阳系的哪个地方能找到最多的水，他们可能会说是地球。但是，尽管地球是太阳系中唯一一个在地表拥有水海洋的行星，我们还知道其他几个拥有地下海洋的世界，每个世界的液态水含量都远远超过地球上的所有海洋。

木卫三是太阳系中第九大天体（甚至比水星还大），它的地下咸水海洋可能比月球最深的海沟还要深九倍。由于其稀薄但确实存在的氧气大气层以及在卫星中独一无二的磁场，天体生物学家急切地想知道，在木卫三表面下的阴暗区域可能居住着什么，或者是谁。不幸的是，如果那里真的存在一个巨大的海洋，它也被埋藏在上百英里的冰层和岩石之下。相比之下，人类迄今为止在地壳中挖得最深的科学钻孔，即位于北极圈内的科拉超深钻孔（由苏联施工），也只有7.5英里，而且这个项目耗时20年，最终因资金耗尽而放弃。可以肯定地说，我们不会很快在木卫三上执行任何样本采集任务。

土星卫星土卫二表面喷出的冰泉

      一些天体生物学家认为，他们在木卫二（木星已知的 80 颗卫星中的另一颗）上搜索的运气会更好。木卫二的直径只有地球的四分之一，但它很可能蕴藏着一个地表下的海洋，其中的水量是地球海洋水量的两倍。此外，木卫二表面冰纹的线索表明，下面的海洋可能是温暖的。木星巨大的潮汐力，加上其他卫星的牵引力，导致了木卫二的弯曲和伸展。

      你打过壁球吗？开场时，击球热身正是这种现象。球会扭曲，恢复形状，再扭曲，再恢复形状，因为所有的撞击都会给它注入能量并提高它的温度。木卫二很可能正在经历类似的现象，由内而外地升温。

又一颗卫星，这颗在土星轨道上的卫星，在冰壳下面隐藏着一个液态咸水海洋。土卫二表面光滑如玻璃，是太阳系中反射率最高的天体。"卡西尼号"在它的南极发现了喷出数百英里高的含盐和有机物的间歇泉。为了更清楚地观察羽流（plume），"卡西尼号"飞快地进入间歇泉，发现了我们所知的维持生命所必需的有机分子。

虽然土卫二和木卫二的冰壳比木卫三的要薄得多，只有十几英里厚，但钻探这种深度的冰壳仍然存在巨大的技术障碍。

不过，这些厚厚的冰壳还带来了另一个问题：阳光无法穿透水层深处，因此任何常驻生物都无法进行光合作用。幸运的是，对于我们在宇宙中寻找生命的努力来说，地球上并非所有生命都需要阳光才能生存。在我们地球最深、最黑暗的海底，太阳照不到的地方，整个生态系统中的奇特生物围绕着高耸入云、地狱般的热柱（被称为"黑烟囱"）繁衍生息。随着构造板块的移动和碰撞，接近冰点的海水渗入裂缝，与上涌的炽热岩浆混合，温度飙升到700华氏度以上。现在过热的海水喷发出滚滚的黑色金属和矿物质羽流。当热流遇到周围的冷水时，金属和矿物质就会析出并凝固，形成高塔，其上升速度可达每天一英尺。

生活在喷口附近的细菌和古细菌从与喷出的矿物质发生的化学反应中获取食物和能量，而不是从太阳中获取。天体生物学家认为，与这些生物类似的有机体形成了地球上最早的生态系统；有鉴于此，宇宙中的其他地方也可能存在类似的有机体，只要它们能够获得必要的有机材料，并居住在温暖的环境中。当"卡西尼号"快速穿过土卫二的羽流时，它发现了远在地表以下的热液活动迹象。将深水喷口的可能性与已经确定的充满有机分子的温暖咸液海洋的证据结合起来，一个充满外星生命的世界的想法就超越了科幻小说。

右图：在美国国家航空航天局哈勃空间望远镜 2003 年拍摄的这幅天王星假彩照中，天王星的卫星和微弱的光环都被增强了可见度

冰态巨行星：天王星和海王星

冰态巨行星所在的区域距离地球不是数百万英里，而是数十亿英里。自从人类在月球上留下脚印并将航天器送入火星和金星轨道以来，时间已经过去了半个多世纪。然而，太阳系中最遥远的行星仍在等待着它们自己的轨道器和着陆器。在人类的数百个太空探索任务中，只有"旅行者2号"探测器在经过八年半的太空穿越和多次重力辅助操作之后，才匆匆一瞥天王星，三年半之后又匆匆一瞥海王星。木星和土星的主要成分是氢与少量氦，天王星和海王星则不同，它们可能含有五分之一的氢和氦。水冰是它们的主要成分。

尽管"旅行者2号"的飞掠时间很短，但它证实了科学家们长期以来的猜测：太阳系中探索最少的区域是最奇异的。在我们太阳系中这两个最遥远世界的厚厚的气态大气层下，"钻石雨"坠入由水、甲烷和氨组成的泥泞海洋中——至少大气层数据和精心构建的模型都表明了这一点。它们暴风骤雨般的、几乎无法穿透的云层使其内部运作的大部分情况成为秘密。

当"旅行者2号"将摄像机对准天王星时，它拍摄到的是一个巨大的、颜色均匀的水球。天王星上没有木星和土星上引人注目的旋涡风暴，乍看之下显得平淡无奇，甚至有些乏味。但事实证明它是一个奇特的存在。最值得注意的是，天王星的轨道是侧向的，星环垂直环抱着它。与太阳系中的其他行星不同，天王星的自转几乎垂直于它的轨道。这一特征的最佳解释是，天王星在诞生后不久与一颗巨大的行星发生了一次假想中的碰撞，导致整个行星翻转。

飞掠过天王星之后，"旅行者2号"还要再飞10亿英里才能到达下一个也是最后一个行星——海王星。此后，天王星就永久地离开了太阳系。令地球上的科学家们感到高兴的是，探测器传回了一个地形独特的世界的图像。虽然海王星的化学成分与天王星几乎完全相同，但正如我们在最近的照片中看到的那样，海王星放射出的蔚蓝色比天王星的淡绿蓝雾更深、更有活力，尽管造成这种差异的原因尚不清楚。"旅行者 2 号"还发现了时速 1 000 英里的狂风，这是太阳系中速度最快的。

天王星和海王星的特征看似惊人，但在宇宙中搜寻系外行星（环绕其他恒星运行的行星）的天文学家认为，这两颗冰态巨行星虽然是太阳系中的异类，但可能是银河系中最常见的行星类型。

宇宙难题

名字里有什么故事？

天王星的奇特之处还在于它名字的来历，当然，这也让它成为许多笑话中被嘲笑的对象。1781 年，天王星被威廉·赫歇尔探测到，是迄今为止人类真正发现的第一颗行星；其他所有行星，早已为人们所熟知。赫歇尔试图以乔治三世国王的名字将这个天体命名为"乔治之星"（Georgium Sidus），正是这位国王促使本杰明·富兰克林、约翰·汉考克和其他 54 位名人签署了《独立宣言》。科学界的其他人表示反对，因此这个名字一直没有流行起来。由于除了英国人之外，没有人对"水星、金星、地球、火星、木星、土星和乔治"这样的行星列表感到满意，因此这颗新行星被命名为天王星——名字取自古希腊神话中的原始天神（Uranus）。这仍然是一个不常见的选择，因为行星传统上以古罗马神话中诸神的名字命名，它们的卫星则是以古希腊神话中相对应的神的名字命名的。为了向强大的英国国王让步，天王星的卫星改用英国文学中人物的名字，主要是莎士比亚笔下的人物（如朱丽叶、帕克和米兰达），另外还有亚历山大·蒲柏笔下的三个人物（阿里尔、翁布里尔和贝琳达）。

冥王星和 X 行星

2006年，冥王星加入了谷神星、智神星、婚神星、灶神星，以及在它之前被降级的许多其他"行星"的命运，我们太阳"后院"的故事又一次被改写。

冥王星不是行星。它从来就不是。但在长达76年的时间里，它一直被正式列为我们的第九大、最遥远的邻居。当业余天文学家克莱德·汤博（Clyde Tombaugh）在1930年发现它时，冥王星被誉为失落已久的X行星。

再回想一下珀西瓦尔·洛厄尔的幻想，他声称看到了智慧外星人建造的火星"运河"。在这个幻想被观测证据粉碎后，他把余生都献给了寻找X行星，一颗能够解释海王星轨道上无法解释的偏差的行星。在洛厄尔去世14年后，汤博在他的天文台发现了这颗预言已久的行星——洛厄尔曾经推断，这颗行星的大小必须至少是海王星的一半，才能如此明显地影响它。然而，到了20世纪70年代末，几十年的观测逐渐减少了对冥王星总大小和总质量的估计，直到最后，这颗可怜的行星被认为太小了，根本无法对海王星的运动产生任何有意义的影响。就这样，对失落世界的追寻又一次没有结果。

X行星最终会被杀死，只是方式与祝融星完全不同。"旅行者号"的飞掠为测量外行星的质量提供了更新、更精确的数据。1993年，小 E.迈尔斯·斯坦迪什（E. Myles Standish, Jr.）意识到，长期以来公认的对海王星轨道的测量是错误的。"旅行者2号"对海王星质量的改进和斯坦迪什对其运动的修正相结合，完全解释了海王星长达164年的轨道。X行星根本不是行星，而是未经验证的糟糕计算。

在X行星坠落的前一年，天文学家戴维·朱维特和简·卢发现了另一个天

右图：冥王星（前）及其卫星卡戎的动态表面，由美国国家航空航天局的"新视野号"探测器于2015年首次拍摄，在这幅高分辨率增强彩色视图中可以看到

体，其直径约为冥王星的十五分之一，在海王星之外运行。在他们的发现之后，又有更多的天体被发现。很快，人们就发现冥王星位于一个巨大的碎片环中，这是太阳系中的一块新领地。它被命名为柯伊伯带，以纪念荷兰天体物理学家杰拉德·柯伊伯（Gerard Kuiper）。

> **这些天体要么都是行星，要么都不是。这个看似显而易见却又棘手的问题必须得到解答：行星到底是什么？**

在随后的几年里，随着在柯伊伯带数以百万计的大块天体中发现越来越大的天体，冥王星面临着越来越严格的审查。终于，清算的时刻到来了。2003年，美国天体物理学家迈克尔·布朗、戴维·拉比诺维茨和查德·特鲁希略发现了阋神星（Eris），它比冥王星质量更大（虽然体积比冥王星小一点点），而且至少有一颗自己的卫星。几乎没有理由怀疑，在阋神星之外还潜伏着更多更大的类似行星的天体，它们正等待着我们去发现。这些天体要么都是行星，要么都不是。这个看似显而易见却又棘手的问题必须得到解答：行星到底是什么？

面对做出决定的压力，国际天文学联合会于2006年1月将这一问题付诸表决。7个月后，成员们以压倒性的一致意见宣布：冥王星以及柯伊伯带内尚未发现的其他冥王星大小的天体，从此将被视为矮行星。

要在太阳系中成为行星，必须勾选以下三个选项：

1. 是球体吗？

2. 绕太阳运行吗？

3. （这也是冥王星失败的地方）是否清空了自己的轨道？换句话说，其轨道上碎片的质量是否小于其自身的总质量？

至于第三点，柯伊伯带的总质量显然远远超过冥王星。

就在冥王星接受最终审判的同时，首次飞向这颗矮行星的任务已经执行了半年。"新视野号"探测器重约1 000磅，由超级强大的"宇宙神5号"运载火箭以创纪录的速度发射升空。（"阿波罗号"的宇航员需要三天多的时间才能穿越同样的距离。）克莱德·汤博的骨灰与一套成像工具和实验装置一起，搭乘飞船飞向他的发现，甚至更远的地方。

考虑到冥王星与地球的平均距离超过30亿英里，要在"新视野号"的科学家老死之前到达冥王星，需要行星的额外帮助。经过几次重力辅助和九年半的旅程，"新视野号"于2015年以每小时4.5万英里的速度飞掠冥王星。在那里，它发现了像落基山脉一样大小的冰山，并强烈地暗示着一个泥泞的深水海洋——也许，只是也许，那里能够孕育生命。

飞向远方

后来，"新视野号"与其他四个探测器一起前往星际空间，它们是"先驱者10号"和"先驱者11号"，以及"旅行者1号"和"旅行者2号"。星际空间的定义仍然像地球大气层的起点和终点一样难以捉摸。我们知道，奥尔特云是由数万亿颗冰冷彗星组成的巨大球形云团，它的范围远远超出了我们最远的探测器所能到达的地方。"旅行者1号"是宇宙中速度最快的人造物体。它以目前的速度（每天飞行超过90万英里），还需要300年才能到达这个云团的外围，还需要3万年才能穿越它。到那时，"旅行者号"、"先驱者号"和"新视野号"将早已死去，它们的金属残骸将成为人类雄心壮志的颂歌。

如果我们在前进的过程中将太阳系的故事用墨水写在不朽的纸上，从亚里士多德一直流传给今天的天文学家，它会是什么样子呢？它会呈现为一张不断增长的发现和突破的清单，经过修改、编辑和删减后几乎难以辨认，页边满是潦草的疑问。在这些空白处之外的未知领域中，还有许多故事有待讲述。

INTO OUTER
SPACE

第 三 章

进入外太空

"我不知道我在世人眼中是什么样子；但对我自己来说，

我似乎只是一个在海边玩耍的男孩，

时不时地找到一块比普通人更光滑的鹅卵石或一个更漂亮的贝壳，

以供自己消遣，而真理的汪洋大海就在我面前，

一切都尚未被发现。"

—— 艾萨克·牛顿 ——

逝世前不久

　　我们在谈论太空探索、太空旅行和太空飞船时，总会不经意地提出这样一个问题：太空是什么？夹在星系、恒星、行星、分子和原子之间，太空并非只是虚无。在这一部分，随着宇宙之旅的继续，我们逃离了熟悉的领域——太阳系。我们可能会坠入黑暗，但肯定不会遇到虚无。事实上，我们会发现，即使在宇宙最黑暗、最寒冷的角落，空旷的空间也充满了各种东西——量子粒子的沸汤。

　　人类关于太空在哪里以及太空是什么的想法始于天空，蔚蓝、广阔、像海洋一样神秘。我们称之为空中海洋。在不同的历史时期，对海洋的描述和假设被赋予了天空，后来又赋予了整个太空。

　　我们从未放弃过这种比较。13世纪的北欧神话中流传着斯基德普拉特尼（Skidbladnir）的故事。这是一艘神奇的船，可以像在海上那样轻松地在天空中航行。A. 柯南道尔在1913年的短篇小说《高地惊魂》中描写了巨大的会飞的水母，这些水母让飞行员感到恐惧。在迪斯尼1953年的动画电影《彼得·潘》中，胡克船长的"快乐罗杰号"海盗船穿过云层，把温迪从梦幻岛送回家。在《幻想曲2000》中，鲸鱼栖息在平流层和外太空。这份清单可以写满一本书。

　　在现实世界中，我们也能感受到这种文化影响。如今，我们毕竟是乘坐火箭飞船，而不是火箭汽车或火箭火车飞往太空；就连国际空间站也有左舷和右舷之分。在科幻电影中，火箭飞船通常被称作船，而在它们穿越的虚构的黑暗未知世界中，有时会出现一些与生活在海洋中的生物并无二致的生物，它们有着

章前图：2022年，哈勃空间望远镜捕捉到这样一幅图像：在9 000多光年外的金牛座，一团气体和尘埃旋涡包裹着一颗年轻的恒星

左图：在迪斯尼的动画电影《彼得·潘》（1953）中，"快乐罗杰号"海盗船无视地心引力，向天空飞去

没有眼睑的大眼睛、细长的身体、长满触角的触手，以及绿色或蓝色的皮肤。

外太空和地球海洋之间的浪漫比较是充满诱惑力的。这两个领域都深具神秘色彩：黑暗、寒冷、广阔得超乎想象。然而，这两个广袤的领域也可以完全相反：这本身就是一种独特的联系。这样的例子比比皆是。深海潜水员需要特殊的潜水服来应对极端的压强，宇航员则需要宇航服来应对完全相反的情况。如果没有地球大气层的包裹，潜水员和宇航员都会迅速死亡。

今天，智人已经掌握了在深海和天空中航行的技能。但在外太空的空中海洋里，我们仍不过是一个登上过月球的物种；我们有权称自己是"太空旅行者"，就像一只脚探入浅浅的潮池中的人称自己是"水手"一样。

我们现在知道，外太空和非外太空之间的分界线一般由卡门线来界定。在那里，航空学变成了航天学。在地球上，这条线距离海平面大约100千米。但在木星上呢？或者冥王星呢？宇宙中任何事物与其他事物之间的界限只能通过约定俗成的方式来定义。

例如，当你将食指指尖对准拇指指尖时，你可以看到两节指骨之间有明确的边界。如果将两者紧贴在一起，你现在还能感觉到边界。但是，如果你用强力显微镜观察这种分离，并逐渐增加放大的倍数，你认为牢固而清晰的界限就会变得越来越模糊。你皮肤上的纹路和凹痕会在某些地方重叠，而在另一些地方则不会。一个手指上的细菌可能会迁移到另一个手指上，同时还有细小的碎屑或洗液的微小分子，每一次都会改变各指尖的总质量。如果能更仔细地观察，你可能会看到两个手指的原子间的电子相互排斥，无论你如何用力将指尖捏在一起，都会留下最微小的缝隙。你现在该如何定义边界呢？最终，你会接受拇指腹和食指之间的边界就是你再也无法从根本上界定谁是谁的边界。

记住，这个小练习涉及两个实体物体。那么评估非实体物体的边界呢，比如真空空间？

右图：地球大气层从对流层和平流层到卡门线以外的五个主要层次的示意图

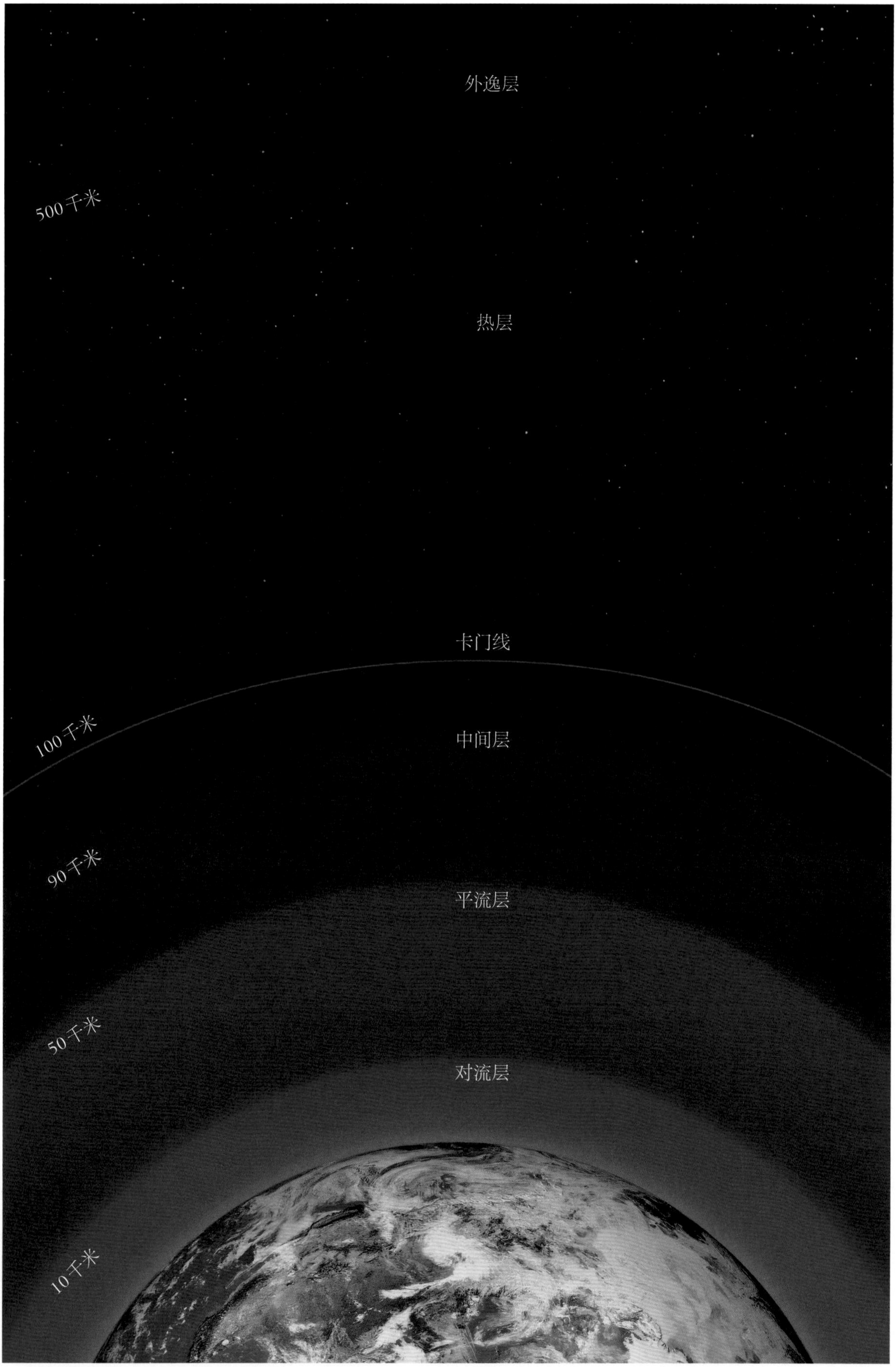

外逸层

500千米

热层

卡门线

100千米

中间层

90千米

平流层

50千米

对流层

10千米

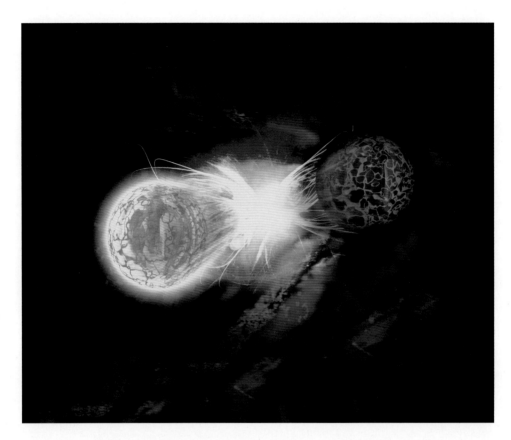

这幅由计算机生成的作品描绘了在真空中产生粒子和反粒子的过程，
这一过程被称为量子涨落

进入稀薄的空气

迪斯尼动画电影《爱丽丝梦游仙境》中的"疯帽子"说："你和过去不一样了。你以前更'特别'……而现在你失去了你的独特之处。"在我们试图定义外太空的过程中，我们听起来就像"疯帽子"在告诫爱丽丝失去了她的许多特质。我们定义太空往往不是根据它是什么和它有什么，而是根据它不是什么和没有什么。太空中的粒子比地球大气层少，压力更小。它没有热，没有光。我们很容易相信，只要离地球越来越远，我们最终就会到达一个完全虚无、没有任何东西的地方。我们常常这样想象太空：黑暗的深渊，虚无缥缈。但是，事实并非如此。太空并非虚无一物，我们将在这一部分讨论这一点。

我们对存在或不存在的事物的判断往往来自我们感知环境的五种有缺陷的感官。我们与物理世界不完美的感官界面限制了我们每天理解宇宙的尝试。每个人都知道空气是稀薄的，否则为什么我们会对魔术师"凭空（out of thin air）"变出一只兔子印象深刻呢？但是，一个海平面上顶针大小的容器（一立方厘米）中纯净、无形的空气所含的分子（27×10^{18}）比一个普通海滩上的所有沙粒还要多。

这到底是多还是少？一只在魔术师空空的帽子里进进出出的兔子可能有兴趣知道，宇宙中物质的平均密度比帽子里空气的平均密度要小得多。但到底小多少呢？

让我们把顶针大小的容器升级为热水浴缸大小（35立方英尺）的生日礼物，上面还写着你的名字。如果你拆开礼物，却发现里面什么都没有，你会有理由觉得送礼者是个坏朋友，因为他送了你一个什么都没有的大盒子。但是，你的朋友送给你的是2.7×10^{25}摩尔的空气。这相当于 27 亿亿亿个分子。你不能说他们什么也没给你，因为他们给了你 27 亿亿亿个东西。（把这个小知识记在心里，以防你忘了某个特别之人的生日，而需要快速找到一份礼物。）

宇宙中最稀有、最神秘、最受人追捧、最令人深思的礼物其实就是什么都没有——真正的什么都没有。

所以，假设你的朋友现在想弥补他们送你 27 亿亿亿个分子的这份糟糕的礼物，并决心送你一份真正"一无所有"的礼物。他们在外太空找到它的运气会不会更好呢？如果他们能以某种方式从行星之间的空间获得一立方米的样本，把它装进盒子，然后带回地球，你可能会相信盒子里真的是空的。但再一次，不是空的，在这个盒子里（假设它是一个神奇的盒子，不受大气压巨大差异的影响），也许有 500 万个东西，大部分是氢和太阳风的带电粒子。

当然，任何人离开太阳中心越远去寻找什么都没有的东西，他们遇到的粒子就会越来越少，越来越接近于零。在太阳系之外，在恒星之间（星际空间），他们会发现每立方米大约有 100 万个粒子。在银河系之外，在星系之间，在星际空间，每立方米内仍会飘浮着一些氢粒子。

真空和空洞

据我们所知，太阳系中最好的真空就在地球上，或者更确切地说，在地球内部。大型强子对撞机（LHC）在瑞士梅林地下300英尺处，它容纳的粒子比行星之间的空间还要少。在这个由欧洲核子研究组织（CERN）运营的16英里疏散圆形腔体内，粒子穿过管道，以近乎光速的速度相撞，并在碰撞后散射出更小的粒子碎片。

为了确保这些粒子只相互碰撞，而不碰撞大气中的任何游离分子或游离原子，内腔必须尽可能地空无一物。为了制造出如此丰富的"无"，对撞机的特殊涂层管道会吸收可能停在其表面的任何不受欢迎的分子，同时真空室在接近500华氏度的温度下烘烤。然后，用两周时间将气体抽入真空系统，使其过冷并大幅降低大气压力，以尽可能消除其他游离分子。这台对撞机也是太阳系中最冷的地方，使欧洲核子研究组织成为人类在低温学、真空技术和粒子物理学领域的最伟大成就，也是我们在地球上最接近"虚无"的地方。

在太阳系之外，太空变得越来越稀薄。但是，宇宙中的某个特定区域可以用"最虚无"来形容吗？或者，就像"疯帽子"说的那样，具有最少的"特质"？

这个荣誉很可能属于牧夫巨洞，一个7亿光年之外的空间区域。它的直径为3亿光年，通常被称为大空洞。它容纳了60个已知的星系，但在宇宙中的其他任何地方，同样体积的区域至少会容纳几千个星系。相比之下，这里就显得非常空旷了。牧夫巨洞的每个星系之间相距数千万光年，而银河系最近的邻居仙女座星系距离我们只有250万光年。因此，牧夫巨洞星系之间的空间很可能包含了可观测宇宙中最低的粒子密度。如果你发现自己悬浮在那里，你会像其他任何人一样迷失在太空的海洋中，在一片漆黑中漂泊，没有一颗信标星为你指引方向。

欧洲核子研究组织的旗舰加速器大型强子对撞机，
在 2019—2020 年第二次长期暂停运行以进行升级期间

关于古希腊哲学家亚里士多德的版画，
选自托马斯·布里科的《物理学的跋涉》（*The Trek of Physics*，1496）

　　好吧，但在两个漫游的星系间粒子的空间之间，人们肯定会发现真正的空虚，真正的无，有这样的吗？没有。在这里，奇异的量子物理定律统治着一切，它们有自己奇特的粒子。

　　这就是虚粒子。但是，它不是你在另一个宇宙中找到的那种物质。虚粒子是宇宙中真正的"魔术师的兔子"，它们凭空出现，又凭空消失。事实上，是最稀薄的空气，我们可以称之为"稀薄空间"。海森伯量子物理学的不确定性原理迫使我们承认，普通粒子之间的空间充满了虚粒子，它们忽隐忽现，不被察觉。因此，我们不能说这个空间是空的。

　　因此，即使在粒子之间，我们也能找到粒子。在粒子和虚粒子之间，渗透着整个空间和时间的是万有引力与无数能量场不可避免的作用。真正的虚无，一个没有任何东西的地方，是不存在的，至少在这个宇宙中是不存在的。

　　认为外太空是一个虚无的领域，这是一个相对较新的误解。亚里士多德在公元前4世纪就宣称，大自然厌恶真空。他从哲学角度推断，"虚无"的定义意味着"不存在"。然而，"虚无"作为一个可以讨论的概念而存在。换句话说，"无"仍然是"有"。

亚里士多德认为，在物理层面上，周围的空气会立即涌入，填补任何空洞。此外，如果存在这样一个空洞，就意味着物质可以在其中无限快速地流动。然而，无限是不可能存在的，因为天是最大、最广阔的实体：巨大，但有限。根本没有空间容纳无限的东西。

> **认为外太空是一个虚无的领域，这是一个相对较新的误解。**

亚里士多德还认为，天和围绕我们旋转的游离光是由第五种物质或第五元素构成的，有别于土、气、火、水四种陆地元素。第五元素完美而神圣，他建议将其称为以太，它构成了天体，并一直是托勒密地心说宇宙观的核心特征。

在科学革命期间，虽然以太阳为中心的宇宙观取代了以地球为中心的宇宙观，但天上以太的概念被简单地重新定义为填充行星和恒星之间所有空间的物质。它的新名称是发光以太（luminiferous aether）。这一改进方便地解决了光波如何在没有介质的情况下穿越"空"的空间的问题。现在有了一种介质，即发光以太，渗透在虚无的空间中，就像分子渗透在虚无的空气中一样。这使得光的本质，无论是在宇宙中还是在地球上，都成为物理学家思考的前沿和中心。

光：是波还是粒子？

人类常常对信息和知识采取非此即彼的态度。我们要求某件事（或某个人）不是这个就是那个，将其严格分类并塞进一些规定的特征中。这些冲动往往会阻碍科学、文化和社会的发展。但事实上，整个科学史上出现了一种共同的模式：如果观察和测量结果让我们认为，对同一个问题的两个不同答案可能是真实的，即使它们相互矛盾，那么正确答案可能只是这两个结果的某种组合，而不是其中一个排斥另一个。

光的本质为这种模式提供了一个完美的历史范例。今天，我们知道光子——一个单独的光包——既是波又是粒子 [可以说是波粒子（wavicle），虽然这个词一直没有流行起来]。

起初，物理学家认为它只能是其中之一。大概在 17 世纪与 18 世纪之交，克里斯蒂安·惠更斯和艾萨克·牛顿对光的本质属性提出了两种截然相反的主张。牛顿宣称光是一束粒子 [他称之为微粒（corpuscle）]，而惠更斯坚持认为光是一种波，与声音在介质中的传播方式没有本质区别。

这两种观点都不正确。作为波的光很容易被接受。但我们不得不等待两个世纪，阿尔伯特·爱因斯坦才通过实验证明并令人信服地描述了光是粒子，并因此获得了诺贝尔物理学奖。

光，一种波

如果声和光都是以波的形式传播的，那么它们之间的相似之处可能多于不同之处。克里斯蒂安·惠更斯在 1690 年出版的《光论》（*Treatise on Light*）中提出，光的行为类似于波。

我们都知道，声音无法在没有空气的空间传播。英国自然哲学家罗伯特·玻意耳（Robert Boyle）受到埃万杰利斯塔·托里拆利新气压计（见第 1 章 "空气的重量"）的启发，用真空室进行了几十次实验。他的发现之一是声音在没有空气的空间的奇怪表现（或者说没有表现）。但他发现，光可以毫无阻碍地穿越真空。那么，是什么媒介在没有空气的情况下传播光波呢？

为了回答这个问题，惠更斯想到了以太，一种渗透在我们周围空气和上方空间中的假想的无形物质。惠更斯在《光论》中写道："这里可以看到，不仅有我们的空气——这一无法穿透玻璃但可以传播声音的介质，还有与之不同的 '空气'——另外一种传播光的介质。"此外，他还争辩说："至少在大气层以外的广阔空间中，以太的粒子为了光这样一个重要目的而被赋予同等重要性，这并没有超出可能性的范围，而且似乎只是为了传递太阳和恒星的光。"

惠更斯把自己逼到了墙角，强行假设以太对于光的传播就像空气对于声音的传播一样重要。但通过提出光波在以太中传播，惠更斯解决了光如何在真空中传播，以及来自太阳和遥远恒星的光如何到达地球人眼中的难题。

惠更斯的波动理论未能令人满意地解释光的两个基本特性：光不能像声波那样绕墙弯曲，以及光是沿直线传播的。你甚至可以自己试试。在三块硬纸板上的相同位置剪一个小针孔，然后把它们立在一条直线上，相距几英寸，这样你就可以从三个针孔的视线往下看，就像从枪管往下看一样。在三块硬纸板的正前方放一根蜡烛或一个小灯泡。如果你移动这三块纸板中的任何一块，你的视线就会被打乱，光线就再也照不到你了。

是什么媒介在没有空气的情况下传播光波呢？惠更斯想到了以太，一种渗透在我们周围空气和上方空间中的假想的无形物质。

光，一种粒子

在天体物理学之前，有占星术。在化学之前，有炼金术。在我们的时代，炼金术士被认为是贪婪的魔术师，但他们实践的核心是两个想法：两种成分可以结合形成第三种物质，以及存在一种单一的、最小的粒子使某物保持其本质。

很多人忘了，牛顿除了从事物理学和哲学研究外，还是一位狂热的炼金术士。据估计，他在炼金术方面的著述超100万字——至少与他在数学方面的著述一样多。也许是受到炼金术的影响，他认为光和所有其他物质一样，可以被分解成更小的组成粒子。与波不同，粒子或微粒不需要以太或任何介质来传播。正如牛顿所知，你无法听到在抽了真空的玻璃罩中的钟声，但你仍然可以看到钟。光穿过真空也不会有任何问题。

牛顿在1704年的著作《光学》中提出了光的粒子理论，解释了为什么光可以沿直线传播，以及为什么光可以在镜子上以与到达时相同的角度反射出来。更多有形的物体，如反弹球，在抛向坚硬的表面时也会有同样的表现，因此这一理论似乎很有说服力，并被广泛接受。

但这并不是故事的全部。当阳光穿过三棱镜时，为什么总是会出现红、橙、黄、绿、蓝、靛、紫的彩虹，而且总是顺序不变？牛顿认为，红光中的微粒比橙光中的大，橙光中的微粒比黄光中的大，以此类推。折射率的变化产生了各种颜色。光的微粒理论解释了彩虹的奥秘，也解释了光沿直线传播而不能绕墙弯曲的原因。

在将近一个世纪的时间里，惠更斯的波动理论在很大程度上被忽视了，被年轻的牛顿在科学界的影响力所掩盖。不过，英国博识者托马斯·杨最终详细阐释了惠更斯的理论，证明波可以让光沿直线传播，并再次援引以太作为解释的基础。

在接下来的一百年里，以太就像曾经的地心说模型一样，成为我们理解宇宙的基础。英国数学家开尔文勋爵（热力学温标就是以他的名字命名的，他还描述了热力学第一定律和第二定律）在数学上付出了巨大努力来解释以太的必要属性。总的来说，在现代科学时代，以太可能是长盛不衰的最伟大假设，尽管从未有过任何观测证据来支持它。

以太之死

1878 年，詹姆斯·克拉克·麦克斯韦（James Clerk Maxwell）写道："无论我们在形成关于以太构成的一致概念方面遇到什么困难，毫无疑问，行星际和星际空间并不是空的，而是被一种物质或物体所占据，这种物质或物体肯定是我们所了解的最大可能存在也最均匀的物体。"

麦克斯韦是对的。空间不是空的，但并不是他所想象的那样。到 19 世纪

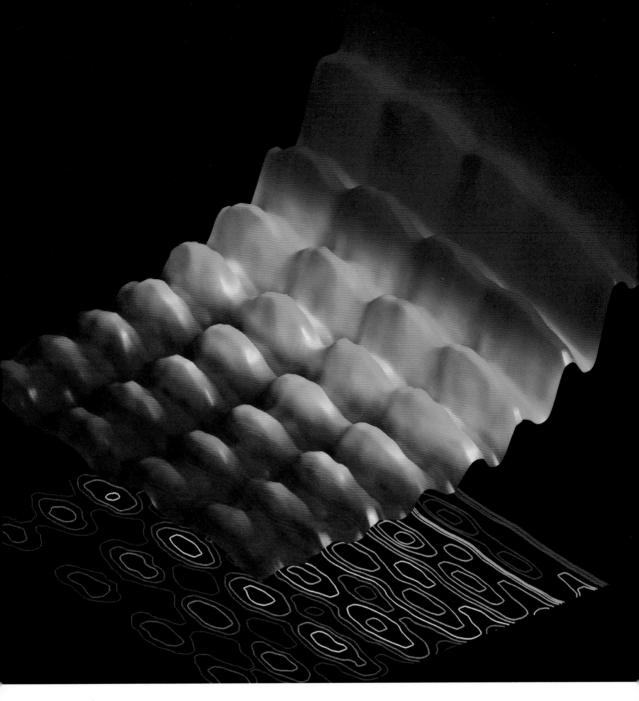

有史以来拍摄到的第一张同时呈现空间干涉和能量量子化——
既是粒子又是波——的可见光的照片

末，科学家们开始怀疑：如果存在以太，我们就应该能够测量地球在以太中运动时它对光速的影响。他们认为，当光的运动方向与地球在其轨道上的运动方向相同（而不是与地球轨道垂直或反方向运动）时，光速应该是不同的。

美国物理学家阿尔伯特·亚伯拉罕·迈克耳孙（1852—1931）
在马里兰州安纳波利斯的美国海军学院与他的一台干涉仪合影

想象一下，从一辆飞驰的汽车打开的车窗向前方抛出一个高尔夫球。在这一瞬间，站在路边的人会测量出高尔夫球在空中的速度，即汽车的速度加上人抛球的速度。现在重复这个实验，但这次要把高尔夫球向后抛。路边测得的高尔夫球在空中的速度现在是汽车的速度减去你抛球的速度。

出生于普鲁士的美国物理学家阿尔伯特·迈克耳孙（Albert Michelson）17岁时进入美国海军学院学习，他在开始科学研究的同时，也汲取了有关风和海洋的航海知识。这种联系可能影响了他对天风——虚无缥缈的风的研究。迈克耳孙发明了一种名为干涉仪的专用仪器，能够非常精确地测量光束的速度。

1887年，迈克耳孙和美国化学家爱德华·莫雷（Edward Morley）进行了几次实验，旨在精确测量光穿过宇宙以太时的速度差。可惜，他们实验的基本前提是有缺陷的。无论光相对于地球向哪个方向移动，光速从来没有改变过，一次也没有。没有任何介质能改变光速，这迫使科学家们得出结论：传说中的以太并不存在。或者说，即使存在，它对光也没有任何影响。

他们的努力至今仍被认为是科学史上最著名的失败实验。通过这次巨大的失败，阿尔伯特·爱因斯坦找到了必要的立足点，提出了他1905年的狭义相对论，该理论与他1915年的广义相对论一起，在以太的棺材上钉上了最后一颗钉子，开创了一个思考宇宙的新时代。人们不禁要问：如果没有迈克耳孙–莫雷实验，爱因斯坦会不会终其一生也无法提出他的相对论？如果他提不出来，还会有其他人提出来吗？

狭义相对论描述了质量和能量在时空中的运动，它建立在英国数学家詹姆斯·克拉克·麦克斯韦的方程之上。麦克斯韦方程表明，光是由以太传播的联合电场和磁场的扰动。然而，这种新近被理解的电磁现象——光——的传播根本不需要任何介质。

引力和拉格朗日点

要问"空间是什么"，也就是在问引力。引力是不可避免的。"零重力"这个表达表面上的意思是"没有任何重力"，这其实是一个错误的说法，它助长了人们对重力如何起作用的长期误解。失重，也就是我们称之为"零重力"的体验，只有在重力作用下才有可能发生：一个物体自由落向另一个物体的结果，实际上是屈服于它的引力。

所有物体都会产生引力，这种引力延伸至无限远，形成了时空连续体的形状。简单地说，爱因斯坦的广义相对论告诉我们，物质和能量会扭曲它们附近的空间，它们的行为方式相同，而且它们之间的影响没有区别。爱因斯坦最著名的理论是 $E=mc^2$，即物体的能量等于质量乘以光速的平方。物体的体积越大，引力就越大，时空结构的弯曲也越大。美国物理学家约翰·阿奇博尔德·惠勒在

鲸歌和日落

从太阳射出的光子以光速穿过准真空空间。一旦这些微小的光包遇到地球大气层,它们的速度就会减慢。每当光速减慢,它的轨迹就会发生弯曲,即折射。观察透明水杯中的吸管,吸管在空气和水面的交界处会发生弯曲,因为光穿过水的速度比穿过上面的空气要慢。

通过大气层观察时,太阳光表现出来的就像吸管一样。我们不是在太阳所在的地方看到太阳,而是在光线从空旷的空间折射到地球大气层的地方看到太阳。日落时分,太阳在天空中的位置较低,阳光穿过更多的空气——更多的大气层。由此产生的折射是如此之深,以至于当你看到夕阳的下边缘亲吻地平线边缘时,太阳已经落山了。如果将导弹瞄准落日,你就会远远偏离目标。日出也是如此,我们看到的太阳尚未到达。每天,日出和日落的折射都会为我们多提供几分钟的日光。

光的行为对声音通过介质的行为没有任何启示。它们有着本质上的不同,而我们几个世纪以来一直都以为并非如此。声音不仅不能在真空中传播,而且它在气体中传播速度最慢,在液体中传播速度稍快,而在金属中传播速度最快。

回到小学时代,也许你会在两个铁罐或纸杯之间系上一根长绳,向隔着几张课桌的伙伴传递秘密信息。在这个游戏中,你利用了声波的物理原理。杯底吸收了你的声音,通过绳子将它们传送到朋友的杯底,再现了你的声音。鲸也进化出了它们自己的绳－罐交流方式。

声波在海洋中的传播速度是在空气中传播速度的四倍。在适当的条件下，鲸可以在相隔数千英里的地方相互歌唱。海洋中的压力和温度差异会形成边界层，引导声音传播。边界层会捕捉声波，使其在数千英里的水下发生弯曲和回波。可以将它想象成鲸歌的水下隧道，让鲸们的交流频率在长距离内保持清晰和强烈。

海豚和其他水下哺乳动物也利用声音在水中的快速传播进行回声定位。高音调的咔嗒声从物体上反弹回来，传到它们的耳朵里，传递有关附近物体或人的位置、大小和移动的信息。通过利用声音穿过液体来感知环境，水下回声定位者比其他任何依靠光线穿过空气的动物都能更好地感知周围环境。

汤加海岸的一头座头鲸

《真子、黑洞和量子泡沫》（*Geons, Black Holes and Quantum Foam*）一书中完美地总结了这一概念："时空告诉物质如何运动，而物质告诉时空如何弯曲。"

想象一下，两个重重的配重球静静地躺在一块悬空的橡胶膜上。球越重，周围形成的凹陷就越深。在橡胶膜上，有一个精确的点位于两个物体之间，你可以在那里放置第三个较轻的球，尽管很不稳定，但它会保持静止，并在两个完全抵消的"引力"之间保持平衡。现在，这第三个球不会落向前两个球中的任何一个；相反，它会停留在较重的球所形成的两个凹陷之间的最低点。任何一对绕轨道运行的物体周围都存在五个这样的平衡点，在这些平衡点上，所有的力都相等。

> 天体物理学家将空间中的这些特殊位置称为拉格朗日点——以意大利裔法国数学家约瑟夫–路易·拉格朗日的名字命名，拉格朗日点概括了时空结构中引力和物质的相互作用。

天体物理学家将空间中的这些特殊位置称为拉格朗日点，以意大利裔法国数学家约瑟夫–路易·拉格朗日（Joseph-Louis Lagrange）的名字命名——他在1772年首次推导出它们的存在。拉格朗日点概括了时空结构中引力和物质的相互作用。当我们将空间望远镜和卫星停放在地球以外的地方时，我们就利用了这一物理学事实。在任何两个轨道物体所处的环境中，都有五个不同的拉格朗日点。

第一个拉格朗日点，即L1，位于两个天体之间，就像我们橡胶膜上的第三个球。在日地系统中，一个停在L1点的天体在L1点与地球同步绕太阳运行时，可以连续看到太阳或完全照亮的地球。从这个有利位置，"索贺"（SOHO）卫星不断返回有关太阳成分和行为的数据流，为防止潜在的灾难性太阳耀斑和日冕物质抛射提供了重要保障。美国国家海洋和大气管理局的深空气候观测站（DSCOVR）也在日地之间的L1点的轨道上运行，它持续监测空间天气和地球不断变化的气候。

我们的第二个日地拉格朗日点L2位于地球的另一侧，与L1不同，它不在地球和太阳之间，而是在地球的远端。为什么这样一个天体在受到我们的行星和恒星的双重拉力影响下，不会直接落向地球呢？因为这些点位于旋转系统中，而不是在橡胶膜上静止的球之间。回想一下离心力，即旋转木马向外飞行的动力（见第1章"发射地点：韵律和理由"）。任何围绕另一个物体运行的物体都会经历这种从旋转系统中向外飞出的冲动。拉格朗日点使这个向外的力与两个物体施加的引力达到平衡。在 L2 点，物体受到的向外离心力很强，但太阳和地球的向内引力将物体拴住。

在 100 万英里之外，日地 L2 点是卫星观测地球的一个糟糕地点，因为地球长期处于太阳的强光下。然而，从另一个角度看，远离太阳和地球，进入未被照亮的太空深处，却是观测宇宙其他部分的绝佳位置。有史以来最昂贵的望远镜，耗资 100 亿美元的詹姆斯·韦伯空间望远镜就位于日地 L2 点，它能够观测并传回关于可观测到的宇宙中最遥远、最古老部分的信息。

L3 是日地系统的第三个拉格朗日点，位于太阳的另一侧，与 L1 和 L2 遥遥相对。据我们所知，除了科幻小说的情节设置之外，这个点没有任何其他用途。还记得那个从未存在过的祝融星吗？一些科幻作家推测，一颗未被发现的 X 行星就位于 L3 点，它一直隐藏在太阳背后，与地球的自转完全同步。

假想的 X 号行星或任何位于前三个拉格朗日点的物体都有一个问题：它们不可能永远保持稳定。它们岌岌可危的平衡意味着，最轻微的移动（比如太阳系中其他七颗行星的微妙拉扯）都可能轻易地将这样一个天体撞离原来的位置，就像一个平稳放在山顶的球被一阵风吹到时的情况一样。"索贺"卫星和詹姆斯·韦伯空间望远镜要想保持在自己的停泊区内，就必须不断进行微小调整，并使用为此而携带的机载燃料。在人类观测的几代人时间内，任何"隐藏的" X 行星都会偏离轨道，进入人们的视野。

最稳定的停泊点位于 L4 和 L5 处，L4 位于所有轨道物体的前方，L5 则以相等的距离跟在物体后面。如果说 L1、L2 和 L3 就像是山顶上的小球，那么 L4 和 L5 就像是停在两座山之间的山谷里的小球。与轻推山顶上的小球不同，轻推山脚下的小球只会让它稍稍移动一下，然后它会自动回到原来的位置。

因此，L4 和 L5 是观测飞行器最理想的停泊点。它们几乎不需要燃料就能保

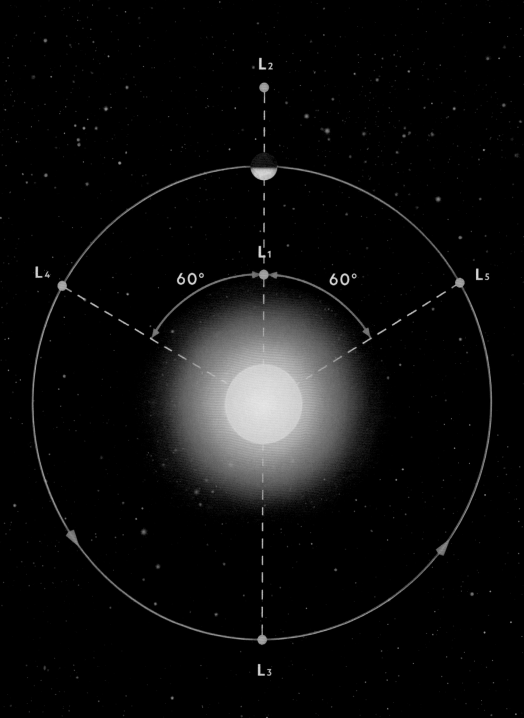

持位置不变。它们不仅便于存放人类制造的硬件，也便于存放小行星和其他游荡的太空碎片。

在太阳－木星系统中，L4和L5拉格朗日点集中了数千颗小行星，其中至少有一颗直径超过100英里。这些被困的岩石被称为特洛伊小行星，以荷马史诗《伊利亚特》中描写的古代战争命名。在L4点发现的较大小行星传统上以古希腊英雄的名字命名，如第1143号小行星奥德修斯；而在L5点发现的小行星则以特洛伊英雄的名字命名，如第1208号小行星特洛伊罗斯。

令人震惊的真相

发光以太假说被迈克耳孙－莫雷实验和爱因斯坦的相对论迅速扼杀，它试图解释17世纪的科学家知道而21世纪的好莱坞导演拒绝接受的事实：在太空中，没有人能听到你的尖叫（尽管他们可以看着你死去）。这种难以捉摸的第五元素的消亡也应该让这些好莱坞导演了解到炸药在真空中的反应。

在地球上，如果你想用常规炸弹炸毁什么东西，你需要一种介质和炸弹在介质中爆炸产生的冲击波。炸弹并不像《三只小猪》中的狼那样，只喷出一阵空气。爆炸瞬间产生的高热会形成一个猛烈膨胀的空气袋，其速度超过了当地的声速：这正是产生冲击波的秘诀。杀死最多人和将整个城市夷为平地的并不是爆炸所产生的热量或飞溅的弹片，而是冲击波——附近建筑物（和人）朝向爆炸的一面和背向爆炸的一面之间灾难性的压力失衡。就是这种力量将物体炸得四分五裂，面目全非。

在真空的太空中，地球上的炸弹毫无用处，至少就冲击波而言是这样；介质中没有足够的分子将能量从一个传递到另一个。但我们知道，宇宙真空从来都

左图：该图说明了恒星和绕轨道运行的行星的拉格朗日点。在这五个点上，两个天体的引力和轨道力达到平衡

不是真的空无一物。即使在这样一个低密度的环境中，只要有足够的物质和能量，爆炸就能在宇宙中造成严重破坏。巨大的耀斑从太阳中升起，以每小时100万英里的速度向太阳系发射数十亿吨的等离子体；数百万度的巨大气体环从爆炸的恒星中向外奔涌；巨大的气体云和整个星系相撞，彼此融合，产生新形成恒星的爆发。

冲击波源于一个简单的自然事实：气体中的分子总是在运动。形态上，它们不仅会拉伸、收缩、扭曲、旋转和振动，还会移动身体和灵魂，从一个地方移到另一个地方。在一瞬间，一个蜿蜒的分子会从邻近的分子身上弹起，将能量和动量从一个分子传递到下一个分子，如此在整个气体中循环。

入侵者也会重组一批分子，否则这些分子就会幸福地与世隔绝。当飞机在空中飞行时，机头锥体上牢固附着的分子会撕裂前方的气态分子，产生巨大的压力涟漪。波纹以声速从最靠近飞机的分子层传到前面的分子层，再传到更前面的分子层。同样的情况也会发生在飞机尾部的前方。当每一层感受到涟漪时，它就会撞向下一层，宣布飞机即将到来的消息。与此同时，飞机则顺利地在空中飞行。

但是，如果飞机飞行的速度快于每一层撞到前面一层所需的时间，换句话说，超过了声速，会发生什么情况呢？在巡航高度的寒冷气温下，声速约为每小时660英里。如果飞机设计得当、动力充足，它就能冲破介质中无助的分子。所有的压力波，包括飞机引擎噪声产生的压力波，现在都会叠加在一起，极大放大了所产生的声音。

这就是声爆。

声爆是冲击波的音轨。任何碰巧在附近的人都能清楚地听到。将飞机的冲击波放大10倍、100倍、1 000倍，你就可以模拟外太空中一些常见事件的情况了。你发出的每个音节都会产生自己的声波，也就是自己的压力波，在空气中荡漾。当你站在一个地方不停地说话时，你产生的每个波都会形成一个以你的嘴为中心的球形，并以声速膨胀。

> **所有的压力波，包括飞机引擎噪声产生的压力波，现在都会叠加在一起，极大放大了所产生的声音。**

但是，假设你能说会道，速度又很快。举例来说，如果你从华盛顿纪念碑底座开始，一边说话一边向北走向白宫，那么你新发出的每个声音都来自一个新的扩张球形，它比通常状态下更靠近前一个球形的前缘，也更远离其后缘。当然，你走得越快，连续声波的前缘就越靠近。

每当警笛、汽车或火车呼啸而过，你都会体验到这种现象，即所谓的多普勒效应。警报声、喇叭声或火车鸣笛声的音调随着声音的接近越来越高，然后随着声音的消失越来越低。奥地利物理学家克里斯蒂安·多普勒（Christian Doppler）在1842年描述了这一效应，当时铁路系统开始慢慢地蜿蜒穿过乡村。

1845年，荷兰气象学家白贝罗（C. H. D. Buys Ballot）做了一个简单而精彩的实验，向任何有疑问的人证明了多普勒效应。他将一队小号手安排在火车站台上，另一队则安排在预定经过的火车上。两个乐队被要求同时吹奏同一个音符。对于围观的听众来说，站台上乐队稳定不变的音符与火车上乐队先高后低

诺斯罗普公司研制的两架T-38"禽爪"超声速喷气机突破声障，产生的冲击波在地面上可听到声爆

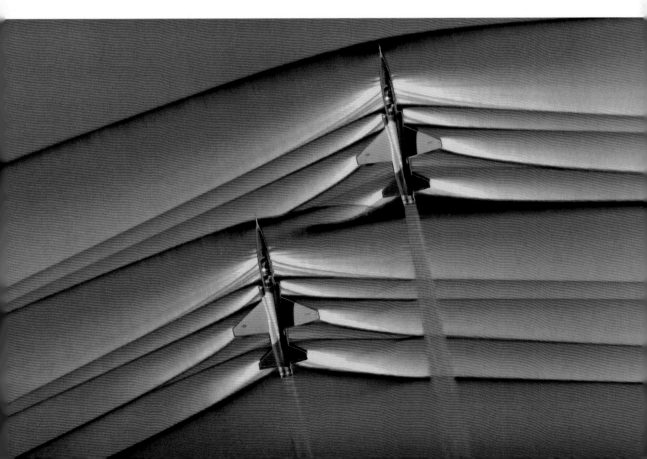

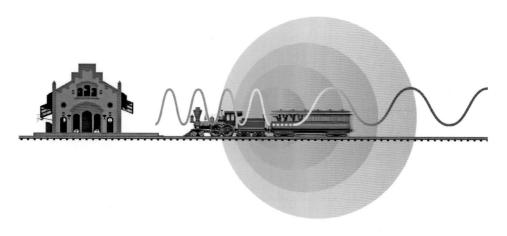

1845年，荷兰气象学家白贝罗邀请音乐家在一列火车上演奏，以此测试多普勒效应。
从车站站台上听到的音乐音调随着列车的接近而升高（蓝色），随着列车的驶离而降低（红色）

的音符听起来截然不同。

让我们回到你滔滔不绝、飞速奔向白宫的情景。假设你走得飞快，以至于当前音节的声音赶上了前一个音节的声音。如果你以这样的速度（声速）继续边走边说，你所有的音节都会堆积在一起，因为你在同一个前缘上铺设了一条又一条的轨道。这就是你个人的冲击波。

当物理学家提到物体在介质中的速度时，他们几乎总是用到马赫数。这个单位是以19世纪奥地利物理学家和哲学家恩斯特·马赫的名字命名的。根据定义，以声速运动的物体以1马赫的速度运动。但不要问具体"有多快"。除非你准备回答三个问题：介质的温度是多少？介质由哪些分子构成？这些分子的可压缩性如何？产生这些问题的原因是，与真空中的光速（在宇宙中的任何地方都是一样的）不同，对应于1马赫的速度严格来说与所处环境有关。

如今，遇到1马赫的情况并不罕见。在健身房里，一条湿毛巾拍打在你朋友的屁股上就是一个小型声爆。汽车安全气囊的快速膨胀也是如此。想要更大的声爆？试试2马赫（现已退役的协和式商用喷气客机）或3马赫（退役的美国空军侦察飞机 SR-71 "黑鸟"）。顺便说一句，无论介质或介质中的声速如何，达到类似的马赫数都会产生类似的物理现象。

在《壮志凌云2：独行侠》（2022）中，汤姆·克鲁斯饰演的试飞员以10.5马赫（每小时约7 000英里）的速度从喷气式飞机上弹射而出。在接下来的场景中，他平静地走回基地。这种速度的高超声速冲击波会把他压扁，就像压扁挡风玻璃上的小虫子一样。所以电影不能太当真。

你经历过震耳欲聋的声爆吗？最有可能的是来自一架高空飞行的小型军用飞机。但如果那架飞机很大或在低空以超声速飞行，声爆就不会那么无害了。在足够低的高度飞行时，即使是一架普通的战斗机，也会产生地毯式的声爆，它会震破耳膜，打破窗户，导致流鼻血。在以25马赫的速度重返地球大气层时，返回的航天飞机轨道器会发出两声凶猛的轰鸣：一声来自机头，另一声来自机尾。幸运的是，轨道器在下降到足够低的高度之前，已减速到亚声速，其轰鸣声不足以震撼任何人的大脑。

20世纪的科技给地球留下了自己的极端冲击波。其中一些是1945年8月在日本广岛和长崎上空引爆的绰号为"小男孩"和"胖子"的原子弹释放的。另一些则是由氢弹"迈克"和"喝彩城堡"释放出来的（相当于数以百计的原子弹在地球上爆炸）——1952年和1954年分别在太平洋的埃内韦塔克环礁和比基尼环礁上进行试验。1946－1958年间，马绍尔群岛还进行了数十次核试验。

与传统炸弹不同，原子弹不需要介质就能产生杀伤力：爆炸本身的高能光线会直接穿过透明的空气。如果你是一块熔点很高的混凝土板，你可以很容易地度过这个阶段。但如果你是个有机生命体，又碰巧位于爆炸中心附近，你身体的每一个分子都会被烧毁，变成灰尘和蒸汽。接下来，附近任何侥幸留存下来的建筑都会被穿过介质的巨大冲击波夷为平地。

21世纪的技术可能会产生什么样的冲击波，让人不敢想象。随着人类进入航天雄心勃勃的新时代，人类也将进入战争的新时代。2019年12月，美国政府正式成立了一个新的军种，即太空部队，以应对这种可能性。该分支以及许多其他国家正在加速的太空军事计划，主要是为了考虑可能在太空中使用什么武器以及如何防御这些武器。

（第一次）冷战和20世纪60年代的登月计划，第二次世界大战和V-2火箭，第一次世界大战和飞机，这些紧密相关的历史清楚地提醒我们，航空和航天技术的发展往往是为战争服务的。

太阳系外的冲击波

在太阳系之外和恒星之间，原子和分子通常很稀少。然而我们知道，附近一颗恒星爆炸产生的冲击波创造了我们的太阳星云，星云凝结成了我们的太阳系。

怎么会这样呢？星云是气体云。它们含有必要的分子，因此也是产生冲击波的介质，而这些冲击波又有足够的力量产生恒星。不用仔细观察，你就会发现气体云积极参与了恒星的诞生、生命和死亡。其中最极端的且伴随着最壮观的冲击波的阶段，就是恒星的死亡。

以一颗质量至少是太阳8倍的恒星为例。任何质量如此巨大的恒星都会快速诞生，闪耀光芒，年轻逝去，留下一具美丽的尸骸。它的一生都在快车道上度过。但最终，它的燃料耗尽了，核心的核聚变炉开始关闭，而正是这个炉子使恒星不至于在自身重力的作用下坍塌。当恒星死亡时，由于没有燃料可供熔化，它会迅速内爆。急剧坍缩产生的热量如此之大，以至于整个残骸在一场数百万度的大爆炸中引爆，恒星的外层以超声速撞向附近的一团团气体云。恒星的核心以每秒12 000英里或更快的速度喷涌而出，产生的冲击波高达数千马赫数。随之而来的大旋涡产生了人们熟悉的元素（如碳、氧和铁）和奇异的元素（如砷、铷和氙），充实了元素周期表的上半部分。

天体物理学家称这种短暂的奇观为超新星——确切地说，是一种核心坍缩超新星。在最初的几周里，它的光芒可以胜过数十亿个太阳。如今，研究人员不断发现新的超新星。这些发现不是因为爆炸，而是因为穿过恒星自身外层的冲击波，它使数百万甚至数十亿光年的事件变得清晰可见。

如果你觉得超新星的冲击波又大又糟糕，那么想象一下当整个星系撞向它的邻居时会发生什么吧。以被称为"斯蒂芬五重奏"的大型星系团为例，它由四个碰撞的星系加上一个"闯入者"组成——从地球的角度看，这个"闯入者"恰好出现在其他四个星系的所有图像的前景中，就像一个星系照片炸弹。主星系群的碰撞成员将气体云从它们的宿主星系中撕裂出来，散落在各处，把周围的环境弄得一团糟。其中一个主角以超过100马赫的速度向它的三个邻居坠落，产生了巨大的弓形冲击（弓形冲击波），其前缘比我们银河系的整个面积还要大。说到银河系，它正在向仙女座星系坠落。据预测，冲击波将在几十亿年后出现。

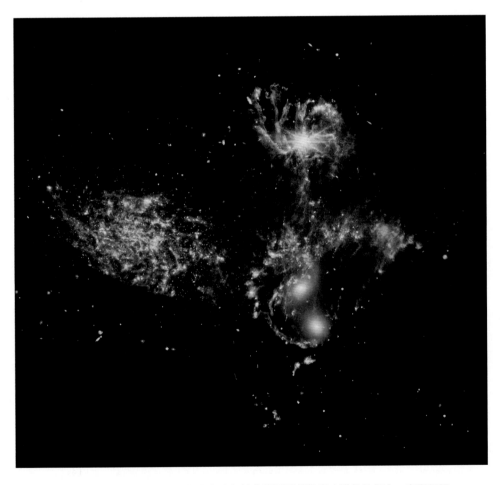

詹姆斯·韦伯空间望远镜上的这台中红外仪器是照相机和光谱仪的组合，它展示了"斯蒂芬五重奏"星系团前所未见的细节。这个大型星系团是由五个星系组成的视觉组合，为早期宇宙中星系的演化提供了洞见

说到冲击波，无论原子弹、氢弹还是电影中的爆炸，都无法与宇宙中最大的爆炸——伽马射线暴（GRB）相提并论。虽然尚未完全理解，但伽马射线暴可能代表了一颗超大质量恒星在特定旋转和环境条件下的死亡阵痛，也可能代表了我们视线的特定方位。不管怎样，它们足够亮，无论发生在宇宙的哪个角落，从地球上用轨道伽马射线望远镜都能看到。

宇宙伽马射线暴就像是打了类固醇的超新星（不要和小行星上的超新星混淆，后者并不存在）。在爆炸和地球之间是几乎没有空气的真空空间，因此介质中存在着空隙，否则爆炸的湮灭声和怒火可能会传到我们这里。由此产生的寂静证明，在太空中，不仅没人能听到你尖叫，也没人能听到你爆炸。

黑暗之谜

在这次科学与发现的宇宙之旅中，在追寻太阳系外的太空本质的过程中，浩瀚的宇宙中发生了许多不为人所知的事情，甚至连望远镜都无法看到。好奇而困惑的科学家们又一次肩负起了弄清这些问题的重任。

为什么夜晚的天空是黑暗的？这似乎是个愚蠢的问题，就像曾经质疑太阳是否真的绕着地球转或者空气中是否充满物质一样愚蠢。世界以某种方式呈现，所以它就是这样的。夜空是黑暗的，为什么不可以呢？

但请思考一下：如果光子在真空空间中畅行无阻，如果空间是无限的，那么夜空不应该是白得耀眼、充满无限星光吗？然而，夜空却像一个漆黑的穹顶，时不时地点缀着一些微小的光点。在一个晴朗的夜晚，在一片漆黑的旷野中，肉眼可以分辨出天空中大约 5 000 颗星星。而在一般的郊区，这个数字要下降10倍。在明亮繁华的城市，这个数字又下降了10倍。现在又下降了100倍，城市居民只能看到月亮和太阳，还有几十颗星星。

但是，让我们把望远镜放到城市和地球扭曲的大气层之上。哈勃空间望远镜在低地球轨道上环绕着我们的星球，为我们提供了一个绚丽的宇宙画廊——

有些图像捕捉到了成千上万个星系，每个星系都包含了大约上千亿颗恒星。但即使是哈勃的图像，也显示出在一片明亮的斑点中，有着斑驳陆离的暗斑。显然，要么宇宙中的恒星数量不是无限的，宇宙本身也不是无限的，要么就是另有隐情。宇宙难题的答案往往是两者兼而有之。

想象一下，你站在远离山路的密林中。每到一处，你都能看到树木。有的远一些，有的近一些，但没有一个视角能让你清晰地看到没有遮挡的地平线。每棵树的树叶都与邻近的树枝混在一起，直到它们失去了任何个体差异。你的世界的颜色就是森林植物的集合颜色。如果宇宙是无限的，那么在我们观察的每一个方向上，夜空中每一个针尖大小的光点都应该以星光为终点，就像我们森林中汇聚的树木一样，每一颗星星的星光都应该与邻近星星的星光融合在一起，直到我们在观察的每一个方向上都只看到照明的混合体。然而，在每颗闪烁的星星之间，我们看到无数条视线的尽头都是黑暗。这是为什么呢？

19世纪初，德国医生兼天文学家海因里希·威廉·马蒂亚斯·奥伯斯提出了这个问题——后来被称为奥伯斯佯谬。在他普及这个问题之前，其实很多人已经在思考这个问题了。

解决方案有两个方面：一是光在不同距离上的行为，二是宇宙本身的行为。让我们从更容易理解的方面入手。

夜空中的两颗恒星可能看起来同样明亮，但这并不意味着它们的大小相等或距离我们同样遥远。远处的高亮度恒星肯定会比近处的暗淡恒星更亮。事实上，你在夜空中看到的大多数恒星在很远的地方都非常明亮。天狼星是我们夜空中最亮的恒星，它比地球还小，距离我们有8.6光年；而第二亮的恒星老人星比太阳还大，距离我们却有惊人的310光年。

光在空间中会变暗淡，这与平方反比定律[1]是一致的。牛顿最初提出这个定律是为了描述重力对距离的影响，后来发现它也适用于光。这个等式告诉我们，

1　牛顿提出的万有引力定律在当时又被称为"平方反比定律"。

下两页图：蟹状星云（M1），是很久以前一颗超新星的美丽结果

宇宙难题
真正的死亡之星

我们的银河系每个世纪都会产生几颗超新星，它们恰好是伽马射线和 X 射线辐射的大量来源。如果距离地球 50 光年左右的一颗恒星变成超新星，可能会对我们的大气层造成严重破坏，也许会危及大多数地球生命。

科学家认为，250 万年前，一颗或多颗超新星在太阳系附近爆发，向我们的星球发出了毁灭性的放射性粒子和能量旋涡。爆炸的亮度超过了 1 000 多亿颗恒星的亮度总和。

随之而来的猛烈电磁冲击卷走了地球上成片的臭氧保护层，而致命剂量的放射性粒子使大型哺乳动物和其他生物遭受致癌的 DNA 损伤，并很可能导致（或至少启动）了 260 万年前上新世末期的大灭绝事件。60 英尺长、60 吨重的巨齿鲨（偶尔会作为海洋恐怖电影中的反派复活）在这一时期灭绝，许多其他海洋动植物也在这一时期灭绝。附近的一颗超新星也可能导致了近 4 亿年前泥盆纪末期的物种灭绝——泥盆纪末期是石炭纪的前夕，而石炭纪为我们提供了所有的化石燃料。

数百颗恒星位于距离地球 50 光年或更近的地方，那里是超新星爆发的危险区域，可能会对我们的星球造成彻底破坏。但请放心。天体物理学家一致认为，这些恒星都不会有任何成为超新星的威胁。我们的忧虑最好还是通过应对气候变化、抵御小行星撞击，以及让我们成千上万的人造卫星做好准备以抵御太阳耀斑造成的电子损伤来解决。

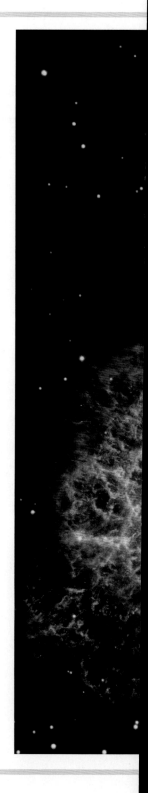

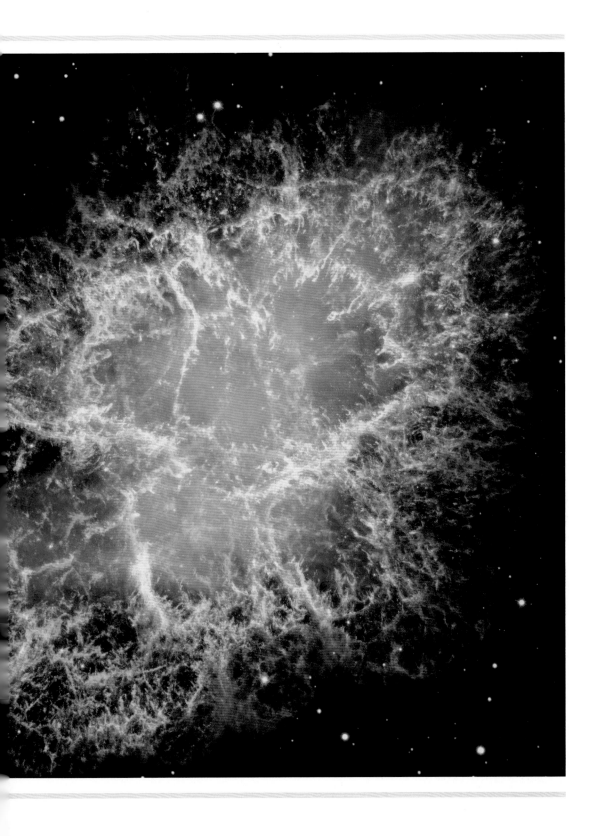

好莱坞科学
星际战争

几乎每一部以太空为题材的科幻电影都至少有一次高潮迭起的太空爆炸，耗费大笔预算，而且几乎每次都会出错。

《星球大战4：新希望》（1977）中的太空爆炸场面堪称史上最标志性的、最令人尴尬的场面。死星的毁灭产生了如雷般的轰鸣和向外辐射的爆炸。一艘艘真正的飞船，即使是如此巨大的一艘，确实会在短暂的球形火焰中爆炸——但前提是飞船上的供火氧气储备仍然可用。一旦进入真空空间，爆炸很快就会消失。更重要的是，这一明亮而短暂的奇观将在完全寂静的环境中上演。

正如片名所暗示的那样，《星球大战》为它的粉丝们带来了许多太空战争的场景。"千年隼号"飞船和较小的 TIE 战斗机忽左忽右、忽上忽下地穿梭、转弯、机动飞行，仿佛它们是由地球大气层支撑的飞机，仿佛那些瞬间的方向转换不是以每小时数千英里的速度进行的。在太空中，方向的转换并不是简单地转动方向盘就能实现的。战斗飞船需要一套精密的定向喷嘴，以正确的角度和足够的推力进行发射，才能实现瞬间转向。要想掉头，飞船首先需要向相反的方向发射火箭，以足够的能量减弱前进的动力，并在恢复航向之前停下来。

假设 TIE 战斗机的飞行员利用了某种尖端技术，可以瞬间改变方向，他们最好把自己紧紧地扣在填充厚实的座椅上。即便如此，他们的内脏器官也会被高速撞击，足以让他们变成奶昔。也许飞船对飞船的星际战争最好留给无人机和机器人去打。

一束光比另一束相同亮度的光远3倍，但它看起来并非暗淡3倍，尽管你这么想是完全合理的。不，是暗淡9倍。如果一颗恒星距离我们5倍远，它看起来就会暗淡25倍。在足够远的距离上，我们根本看不到恒星的存在。

想象一下，在弹弓里装上一把鹅卵石。一英尺外的目标会被每一颗石子击中。然而，把目标移到3英尺之外，击中它的石子就会少9倍。现在，假设你有一把神奇的鹅卵石，无论你向哪个方向投射，它们都会永远飞下去。随着你的目标越来越远，它被击中的可能性也呈指数级下降，直到目标到达一个拦截一颗鹅卵石的可能性接近零的地方。

光随距离暗淡定律本身无法解释奥伯斯佯谬。如果宇宙是无限的，那么即使光度随距离的增加而减弱，来自宇宙中无数恒星足够一部分的单个光子也会产生白色的夜空。想想我们的魔法鹅卵石弹弓吧。如果你从无限的弹弓中发射出无限的鹅卵石，那么你的目标无论移动到哪里，它的每一平方英寸都会受到鹅卵石的攻击。

现在是解决方案的第二部分。这要追溯到20世纪20年代，当时有两位科学家独立工作，他们不仅解决了悖论，还彻底改变了天体物理学，并再次打击了人类日益脆弱、日益自大的自尊心。

1924年，埃德温·哈勃发现，银河系并不像许多科学家所认为的那样是整个宇宙，而是众多"宇宙岛"（island universe）中的一个。这是德国哲学家伊曼纽尔·康德在两个世纪前提出的一个术语。1927年，在研究了爱因斯坦的新相对论之后，比利时物理学家和天主教牧师乔治·勒梅特提出了一个膨胀宇宙的观点，这个宇宙可以追溯到一个单一的点，即"原始原子"——他后来称之为"世界的开端"。今天，我们称之为"宇宙大爆炸"。勒梅特的导师阿瑟·爱丁顿直到几年后才读到他的论文，而爱因斯坦也还没有准备好接受膨胀宇宙的概念，因此勒梅特的关键贡献在很长一段时间内被忽视了。

与此同时，哈勃正忙于研究他新发现的"宇宙岛"的多普勒频移。与1845年一列火车上的小号手所展示的效果类似，所有波（包括光）都能观测到多普勒频移。在讨论宇宙光时，这种效应被称为"红移"或"蓝移"。

可信的绿巨人？

漫威的绿色怪兽可能是有史以来在科学上最不可思议的超级英雄。其他超级英雄可能看起来很荒谬，比如拥有 X 光眼睛、易受氪星石影响的飞行外星人（Superman），或者来自阿斯加德王国、英俊潇洒、挥舞着锤子的北欧雷神（Thor）——但他们的起源故事并不涉及科学。然而，《绿巨人》（*The Incredible Hulk*）却引用了科学。

受《弗兰肯斯坦》（*Frankenstein*）和《化身博士》（*Dr. Jekyll and Mr. Hyde*）这两个经典故事的启发，传奇漫画作者斯坦·李创造了一个关于温顺的理论物理学家布鲁斯·班纳（一个杰基尔博士那样的角色）的故事。在一次实验性炸弹事故中，他遭受了强剂量的伽马射线辐射，DNA 的改变让他变成了海德先生那样的人，一个体型超大、力量超强、有愤怒控制问题的变异人。

即使是轻微剂量的伽马射线，也会破坏班纳的 DNA，足以让他在几周内变成巨齿鲨。暂且不论这些。当班纳变成绿巨人时，他的皮肤变成了绿色。为什么不是紫色呢？紫色是可见光光谱中最接近伽马射线的颜色？我们也暂且不论这个，姑且称之为艺术自由吧。然而，我们不能忽视的是绿巨人标志性的改变：他更高大、更强壮的身体，能够像投掷棒球一样轻松地投掷汽车。

这些额外的质量从何而来？爱因斯坦为我们提供了从周围能量中获得质量的秘诀：$E=mc^2$。但如果绿巨人从周围的能量中创造出了必要的质量，他想要拯救的城市就会内爆。

如果绿巨人在不增加质量的情况下膨胀，他就会失去密度，原因与冰块漂浮一样。液态水在结冰时会膨胀。它并没有增加分子，只是用原来的材料占据了更多的空间。你的密度正好等于你的质量除以你占据的空间（你的体积）：$d = m/v$。当冰块膨胀时，分母（这里 v 是指体积）会增大，这意味着总值，即密度会减小。这就是由水制成的冰块会漂浮在液态水上的原因。

如果不增加质量，可怕的绿巨人可能会像棉花糖一样松软，但不那么可爱。一拳打在他蓬松的内核上，他就会像沙滩上的皮球一样在街上乱蹦乱跳。科学上可信的绿巨人会成为一个糟糕的超级英雄。

在绿巨人的超级英雄故事中，最引人入胜的未解之谜或许是：他的裤子是怎么穿上的？那一定是宇宙中最有弹性、最结实的工装裤了。美国国家航空航天局可是很想复制这种材料。

布鲁斯·班纳博士在 2008 年的电影《绿巨人》中变身绿巨人

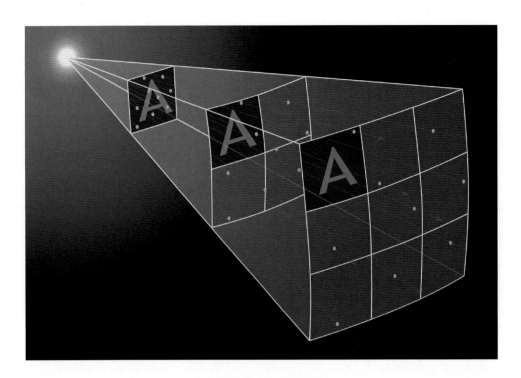

光强随距离减弱的示意图

回想一下，当火车驶近车站时，小号声的音调升高了，因为声波缩短了，频率增加了。当火车驶离车站时，由于声波变长，小号声的音调降低。在可见光光谱中，波长较短的是蓝色和紫色，波长较长的是红色。如果火车的声波与可见光相关联，我们可能会看到当火车驶近时，光的颜色向蓝色转变，而当火车驶离时，光的颜色又向红色转变。恒星、星系和宇宙中其他一切发光的物体也有类似的表现。来自接近光源并缩短的波被称为蓝移，而来自后退光源并延长的波被称为红移，无论其实际频率是否位于可见光光谱上。

哈勃的研究表明，遥远的宇宙岛在系统上正远离我们，或者说正在发生红移——而且最远的星系比最近的星系退缩得更快。换句话说，他的分析证明了勒梅特的预言：宇宙正在膨胀。我们终于意识到，宇宙是有起点的，它一定有一个地平线、一个边缘、一个极限。可观测到的宇宙是有限的，它正在膨胀。

20世纪20年代的人几乎不知道，他们还没有从自己的天体物理学家强加的羞辱中解脱出来。哈勃记录了星系向各个方向退缩的现象。因此，无论宇宙是什么，我们似乎仍然处于其中心。这是一个按比例放大的托勒密世界观，很快就会被撕碎了。

科学史

爱伦·坡的预言

美国作家埃德加·爱伦·坡以其恐怖的悬疑故事闻名于世，他在1848年出版的长篇散文诗《尤里卡》（*Eureka*）中描述了奥伯斯佯谬的解决方案，比天文学家积累足够的数据来完全理解该解决方案还要早几十年：

> 如果恒星是无穷无尽的，那么天空的背景就会呈现出均匀的亮度，就像银河系所显示的那样——因为在所有这些背景中，绝对不可能有一个点不存在恒星。因此，在这种情况下，我们要理解我们的望远镜在无数方向上发现的空洞，唯一的方法就是假设看不见的背景距离如此之远，以至于没有任何光线能够到达我们这里。

对于一个完全没有受过物理学或天文学训练的诗人来说，爱伦·坡的说法正确得令人吃惊。

星系并没有急着离开我们。恰恰相反，空间的内部结构本身在不断膨胀，携带着所有星系一起前进。把它想象成镶嵌在烤松饼中的罂粟种子。随着松饼的膨胀，每颗罂粟籽之间的距离也在增加。对于任何一粒罂粟籽来说，所有相邻的罂粟籽都在后退，这会让它有种自己是松饼中心的感觉。然而，被"中心"这一终极错觉所伤害的每一粒罂粟籽都会有同样的感觉。宇宙（或松饼）不仅没有义务让你觉得有意义，也没有义务让你自我感觉良好。

奥伯斯佯谬的最终解决方案是宇宙大爆炸理论加上膨胀的宇宙和有限的光速，这给我们带来了宇宙发现中最新的巨大羞辱：宇宙是有限的，而且我们也不在它的中心。

然而，挫折还没有结束。另一个，也许是哥白尼以来最伟大的挫折，即将到来。

可测量但难以想象的规模

在埃德温·哈勃的发现半个世纪之后，以他的名字命名的空间望远镜为我们目前估计宇宙中星系的总数提供了信息。这个数字已经达到了几千亿，可能会飙升到一万亿。与此同时，每个星系中平均包含着大约 1 000 亿颗恒星。随着我们的望远镜不断带我们深入宇宙，天体和天文现象的巨大规模很快就变得让我们孱弱的大脑难以想象。

为了了解这些发现的规模，请考虑一下这个看似简单的问题：10 亿和 1 万亿有什么区别？

让我们数秒，而不是数星星。那些 31 岁的人将在他们 32 岁生日前的几个月，度过人生中的第 10 亿秒。如果你还没到 31 岁，这将为你提供一个很好的借口来计划一场派对——但请在你的日历上做个记号，并准备好在这一时刻溜走之前快速喝上一口香槟。如果你已经错过了你的第 10 亿秒生日，那么在 63 岁时，你将迎来你的第 20 亿秒生日。有些幸运儿甚至能活到 95 岁，去迎接他的第 30 亿秒。

如果你有 1 000 亿美元钞票和大量时间，你可以把它们一张张叠起来，绕地球 200 圈。然后再将剩余的钱垂直叠放，往返月球 10 次。当今世界上最富有的人也只能做两次这样的运动。

而 1 万亿是 10 亿的 1 000 倍。1 万亿秒之前，最后一批尼安德特人居住在地球上，洞穴居民在石壁上画野牛。

现在，让我们把千亿和万亿结合起来。将 1 000 亿个星系乘以每个星系中的 1 000 亿颗恒星，就得到了可观测宇宙中的 100 万亿亿颗恒星。这比有史以来整个人类发出的声音和说出的话语总数还要多出 100 万倍。

但还没完。

天体物理学家现在认为，平均每颗恒星至少有一颗行星绕其运行。欢迎来到系外行星：这是人类的下一个屈辱，1995 年的科学探索验证了这一点。那一年，两位瑞士天文学家米歇尔·马约尔和迪迪埃·奎洛兹注意到了一些奇怪的现象。一颗类太阳恒星的速度和位置的周期性变化表明，有一个看不见但真实存在的东西在围绕它运行，偏离了恒星的重心，导致它摇摆不定。原来，这是一颗行星，是系外行星，也就是在太阳系之外的另一颗类太阳恒星周围发现的第一颗行星。1992 年，我们发现了三颗系外行星，它们围绕着一颗恒星的遗骸（所谓的中子星）运行，这颗恒星不是摇摆不定，而是脉冲发生了变化。在今天常规的命名公式出现之前，这些系外行星的可怕名字让人联想到不死的幻想怪兽：尸鬼、促狭鬼和噩梦鬼。自从马约尔和奎洛兹发现系外行星以来，已经观测到近 4 000 个恒星系统，其中包含 5 000 多颗确定的系外行星。

当艾萨克·牛顿把白光分解成彩虹的组成颜色时，他就播下了现代天体物理学的种子。到 19 世纪中期，光谱学这门新科学使天体物理学家有能力了解恒星的温度、自转、运动、磁场和化学成分。如今，系外行星猎手依靠光谱学和强大的望远镜来探测行星的存在，有时还探测其大气成分。望远镜和辅助技术的进步不断颠覆我们对宇宙以及我们在宇宙中位置的假设，向我们展示了宇宙的真实面貌，而不是我们的感官所感知到的宇宙——也不是它如何迎合我们脆弱的自我。

> 如果你有 1 000 亿美元钞票和大量时间，你可以把它们一张张叠起来，绕地球 200 圈。然后再将剩余的钱垂直叠放，往返月球 10 次。

彩虹中隐藏的信息

到了20世纪，我们才知道，来自最遥远星系的光包含了无数看不见的宇宙天体的化学特征，这些天体是光在到达我们的望远镜的途中被捕捉到的。新的分析手段可以追溯到1802年，当时英国化学家威廉·沃拉斯顿（William Wollaston）改进了牛顿的三棱镜，进一步分解了太阳的光谱颜色，发现暗带侵入了平滑的连续色谱。

数十年的分光实验最终发现，暗带的排列与光源的温度以及与光相互作用的化学元素有关。从这些观察结果中，产生了一套百科全书式的光谱"线"模式汇编，每条"线"都代表了一种元素的独特指纹。

把光分成不同颜色光谱的棱镜

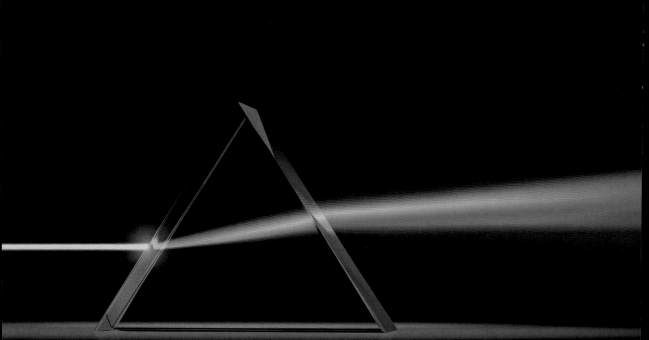

1868年，两位科学家在各自的工作中注意到，太阳光谱中出现了一条与任何已知元素光谱都不同的可疑波段。法国天文学家皮埃尔·让森（Pierre Janssen）和英国天文学家约瑟夫·洛克耶（Joseph Lockyer）首次在太空中发现了一种已知地球上没有对应元素的元素。洛克耶将其命名为氦——以希腊太阳神赫利俄斯（Helios）的名字命名。尽管今天在任何儿童生日聚会上你都能看到充满节日气氛的飘浮容器，但科学家们直到在太阳中发现这种元素30年后才在地球上将其分离出来。我们现在知道，它是宇宙中仅次于氢的第二大稀有元素，对所有重元素的形成至关重要，而这些重元素构成了你所熟悉和喜爱的一切人与物，以及你所不熟悉和厌恶的一切事物。

尽管光谱学准确而稳定地揭示了已知的和未知的元素，但没有人知道为什么。最终，光谱实验让麦克斯韦制定了方程，而爱因斯坦据此推导出了狭义相对论。但直到1913年，丹麦物理学家尼尔斯·玻尔（Niels Bohr）才对原子产生光谱线的方式和原因有了令人满意的解释。他提出，每个原子的电子都会对光做出反应，在原子内部从一个能级跳到下一个能级，来来回回，从而导致原本连续的光谱中没有（或出现）光谱线。玻尔的原子模型为现代量子物理学的发展奠定了基础。

时间快进到20世纪90年代，我们的系外行星猎手马约尔和奎洛兹开创了一种新型光谱学。他们的方法可以精确测量恒星微妙的多普勒频移，这种频移不是由恒星在太空中从一个地方移动到另一个地方引起的，而是由恒星在其周围轨道上另一个天体的引力作用下产生的轻微抖动引起的。这些微妙的抖动揭示了世界上第一颗环绕着一颗类太阳恒星旋转的系外行星——"飞马座51b"（51 Pegasi b）。

为了解释恒星抖动的原因，轨道上的天体"飞马座51b"必须非常巨大，达到木星的一半大小。但这还不是发现中最奇怪的部分：在这个巨大的气体世界上运行一年——换句话说，绕着它的主恒星运行一整圈，结果只要四天。相比之下，离太阳最近也是最小的行星水星比木星最大的卫星还要小，它的"一年"持续88天。

马约尔和奎洛兹的发现与我们自以为了解的恒星系统形成的所有知识相矛盾。尽管多次观测证实了两人的发现，但许多研究人员仍然坚持认为我们的太阳系一定是所有恒星系统的代表，他们驳斥了行星假说，并对恒星奇怪的轨道行为提出了其他解释。尽管用同样的方法又发现了几颗大小和轨道周期相似的系外行星，但怀疑论仍在继续，部分原因是这些发现并非来自对行星的直接观测。它们的存在完全是根据主恒星的行为推断出来的。

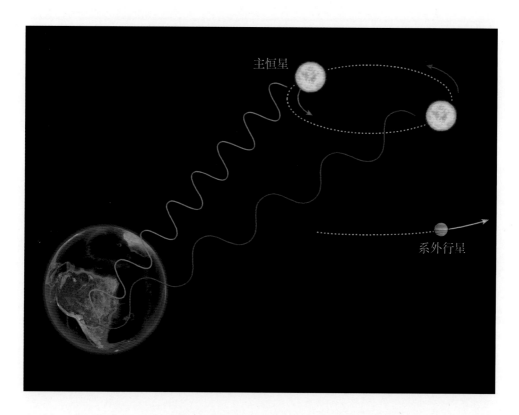

多普勒光谱学图解：当恒星靠近观测者时，它的光谱会发生蓝移；
当远离观测者时，它的光谱会发生红移

后来，在1999年，人们终于通过凌星法直接观测到了其中一颗推断出的行星，即奥西里斯（Osiris），这与杰里迈亚·霍罗克斯在1639年金星凌日时用来测量地球与太阳之间的距离，从而估算整个太阳系大小的方法如出一辙。天体物理学家预测了奥西里斯星下一次从地球上经过其主恒星前的时间，他们已经做好了准备。不出所料，在行星凌星过程中，恒星的亮度略有下降，随后恢复正常，一切都在预测的时刻发生。

寻找系外行星的大门就此打开。这项曾被嘲笑的工作很快成为一个蓬勃发展、热闹非凡的研究领域。

太阳从它作为唯一已知恒星系统中心的角色降级为无数恒星系统中的一颗。然而，我们的宇宙又一次在我们面前膨胀了。

" 寻找系外行星的大门就此打开。这项曾被嘲笑的工作很快成为一个蓬勃发展、热闹非凡的研究领域……我们的宇宙又一次在我们面前膨胀了。**"**

捕捉太阳系外的地球

从地球大气层以下进行的宇宙光谱观测仅限于那些能够成功地完全穿透我们头顶大气分子海洋的光波长，主要是可见光和波长较长的无线电波。臭氧层会阻挡紫外线和 X 射线，而大气中的水分子会扭曲并吸收红外线和微波。使水成为一种强大的温室气体的原因，也使地球天文学变得更加复杂。

如果我们想观测发出这些被阻挡的其他波段的天体，就必须从云层上方进行观测。哈勃望远镜和其他空间望远镜就可以做到这一点。在它们的帮助下，1999 年至 2009 年间发现了数百颗系外行星。但要大幅提高这些微小、黑暗、移动的斑点的发现率，就需要专门为此设计的新型望远镜。

美国国家航空航天局 2009 年启动的开普勒任务只有一个指令：在类太阳恒星的宜居带（又称"金发带"）内寻找类地行星。这是恒星周围的一个轨道区域，在这个区域里，行星自身所处的温度恰到好处，不会太冷，也不会太热，可以在其表面维持液态水的存在，而液态水正是我们所知的生命存在的先决条件。在高亮度恒星周围，宜居带比较宽；而在低亮度和弱亮度恒星周围，宜居带比较窄，能更紧密地拥抱宿主，以获得所需的温暖。

外星人调频（FM）

如果人类想对窃听的外星人保密，就只能通过调幅（AM）无线电通信。

地球的电离层是大气层中充斥着自由浮游电子的地方。太阳发出的高频紫外线、X射线和伽马射线将电子从原子中分离出来。当较长的低频调幅无线电波与这些电子相互作用时，部分或全部能量会被弹回地球表面，从而实现远在地平线视线之外的通信，尤其是在夜间。在某些条件下，这种来回通信可以跨越大陆，让人类从很远的地方"听到"彼此的声音，就像海洋传播鲸的歌声一样。

如果你曾在长途旅行中收听过收音机，你就会知道，你在三个州之外都能收听到一些模糊的调幅广播，而一个清晰的调频电台从一个城市的一侧到另一侧就会迅速消逝。调频广播电台和卫星电视使用的频率要高得多，但无法从电离层反射中受益，因此调频频率只能到达地平线，无法跟随地球弯曲的表面移动。但这并不妨碍这些信号向上逃逸到太空中。人类发射的几乎每一个调频和电视频率，无论是传送《我爱露西》的重播还是价值数百万美元的超级碗中场广告——都有可能被任何拥有灵敏无线电接收器的外星人截获。

开普勒任务探测到了成群的系外行星，这让地球人感到欣喜（在某些情况下，或许也感到苦恼）。

在开普勒探测到的数千颗新的系外行星中，有数百个大小与地球差不多，成分也是类似的岩石，其中几颗系外行星的轨道位于主恒星的宜居带内。对任

开普勒空间望远镜迄今发现的行星精选

务数据的统计分析显示，银河系中的行星数量超过了恒星数量，而且其宜居带中可能蕴藏着大约 3 亿个类似地球的世界。天体生物学家认为，这些类似地球的世界中至少有一个很可能就在距离我们仅 20 光年的地方，等待着我们去探测。

从人类第一次仰望天空的那一刻起，那些引导我们、吸引我们的恒星就不仅仅是恒星了。几个世纪以来，人们越来越清楚地认识到，太空不仅仅是恒星的天幕，也不是宇宙天体生存和运转的被动空间。它是一个生机勃勃、充满能量的地方，需要我们首先了解它对我们观测的影响，然后才能声称我们对宇宙中的任何事物都有充分了解。也许，就在你读这本书的时候，一些尚未被发现的生命形式正挠着它们光秃秃的外星脑袋，想知道它们对宇宙挂毯的了解究竟有多少。

等待着我们的对人类傲慢的巨大羞辱又将是什么呢？天体生物学家孜孜不倦地寻找可能推翻地球作为唯一生命友好星球地位的证据。据推测，仅在我们的银河系中就有数以亿计的类地系外行星在游荡，我们所知道的生命可能就像曾经荒谬的系外行星一样无处不在。

光谱学使天体生物学家不仅能够寻找类地行星，还能寻找行星大气层中的生命化学迹象：生物特征，生命的分子线索。据我们所知，所有生物都在液体介质中进行新陈代谢反应，将质量转化为能量。

这些反应产生的废物就是我们寻找的确凿证据。使用光谱学寻找地球生物标志的外星人会在我们的低层大气中看到丰富的氧气，这些氧气主要来自进行光合作用的生物，同时还会在平流层中看到臭氧分子。主要由厌氧细菌产生的甲烷是另一个有用的生物标志。如果没有持续的补充，两种物质都会减弱。氧气将通过化学反应被重新吸收回地球表面，而甲烷将在几十年内分解并转化为二氧化碳，将其成分中的氢原子送入太空。

然而，生物标志本身并不能证实生命的存在。这些气体中的大多数可以用其他非生物学的解释来说明，尽管可能性不大。虽然我们可以根据行星的可居住性和探测到的生物标志为外星生命建立一个很好的案例，但只有探索性航行才能证实或否认外星生命。

太空旅人

如果我们真的发现了一个新的地球，一个拥有可呼吸大气层和地表液态水的类地行星，探索它的冲动甚至会超过在火星上建立殖民地的冲动。如果在大约10光年的距离内探测到外地球，就可以对它们的大气层进行光谱分析，以确定是否存在人类生存所必需的成分。如果是这样，我们就可能拥有一颗真正的后备行星，真正的B行星，无须将其地球化。詹姆斯·韦伯空间望远镜装备精良，可以创建这样一个候选行星目录。

10光年听起来可能并不遥远。对于一个光子来说，这仅仅是一次10年的旅行。不幸（或幸运）的是，人类不是光子。移动速度最快的人造天体是帕克太阳探测器（Parker Solar Probe），它绕太阳运行并不时擦过太阳，从伦敦到纽约大约只需要半分钟——从月球往返也只需一个半小时。不过，即使达到如此惊人的速度，这个探测器也只能达到光速的0.064%（大约是百分之一的十五分之一），对于太阳系外进行的任何事务来说，这都是慢得令人绝望的速度。如果飞船能以某种方式摆脱太阳引力的控制（这是不可能的），它仍需要6 000年才能到达半人马座阿尔法星（距离太阳4光年，是距离太阳最近的恒星系统）。再加上一些人员、必需品和最起码的火箭燃料，我们的朝圣飞船的速度就会迅速降低几个数量级。如果我们的飞船以与国际空间站相同的速度（大约每秒5英里）飞行，那么覆盖4光年距离的旅行大约需要15万年。

太空人该怎么办呢？

抛开时间旅行或虫洞的任何希望不谈，世代飞船，也就是能够让人类一代又一代持续生存并保持正确航向的太空方舟，是实际访问遥远世界的唯一选择。

我们可以通过提高速度来缩短旅程的长度，并将我们的目标距离从10光年缩短到1光年。即便如此，我们仍然要在太空的汪洋大海中航行数万年。"先驱者号"、"旅行者号"和"新视野号"，就像人类在星际海洋中漂泊的漂流木塞，都执行了多种复杂的重力辅助操作，以摆脱太阳无休止的引力束缚。要在星际空间发射一个足以支持几代和谐人类的舒适大型空间站，化学火箭燃料是不够的。

> **世代飞船**，也就是能够让人类一代又一代持续生存并保持正确航向的太空方舟，是实际访问遥远世界的唯一选择。

早期科幻小说设想了一个由无限能源驱动的飞行汽车和悬浮滑板的世界。但它们错了。能源仍然是我们大多数想象中的技术的限制因素。面对不可预测的油价暴涨暴跌、电力中断和气候变暖，我们仍然依赖于不可再生资源。在这

宇宙难题
外太空香水

你可能听说过太空有各种味道：国际空间站宇航员和"月球漫步者"发誓，太空闻起来有火药和烤焦牛排的味道，还有一点点臭鸡蛋的味道。但真要尝试在太空服外闻上一鼻子，你就会窒息而死。

也许这些宇航员闻到的是自己上嘴唇的气味？原来，他们在太空行走时，太空服和设备上附着的各种恶臭微粒，也许与太空舱重新加压时产生的臭氧结合在一起，形成了一种独特的外太空香水。但在低地球轨道和月球表面以外的地方，只有光谱学才能提供宇宙香味的线索。

2009年，一群天文学家在遥远的星云中寻找氨基酸。在许多其他复杂的分子中，他们发现了甲酸乙酯。在地球上，它闻起来像朗姆酒，尝起来像覆盆子，还可以用作溶剂和杀虫剂。很快，头条新闻宣布：外太空闻起来像覆盆子。

这不太可能。即使我们能舀出足够装满一个罐子的各种星云分子，带到地球上闻一下，我们也几乎肯定闻不到这种气味。我们还可能会被酒中的其他有毒分子毒死。此外，如果把这种逻辑应用到我们自己的早期太阳星云上，我们可能倾向于断言，由于含铁量很高，它尝起来像血一样。（"太空尝起来像血"可能是个吸引人的标题，但它就像宇宙深处的覆盆子代基里酒一样具有误导性。）

但是，一个惊人的光谱学发现被掩盖在这种愚蠢之中。在那个遥远的星云中发现的复杂分子强烈暗示了氨基酸存在的可能性。氨基酸是蛋白质和我们所知的生命的组成部分。

右图：宇航员布鲁斯·麦坎德利斯二世（Bruce McCandless II）在"挑战者号"航天飞机外进行了有史以来第一次不系带太空行走

技术特征

　　系外行星表面的生命可能会影响大气化学，但我们认为文明的副产品也会。在工业革命之前，地球上的人类对地球大气层并无重大影响。但是，在令人震惊的短短几十年（而不是几个世纪）时间里，我们显著增加了温室气体 CO_2（二氧化碳）和 CH_4（甲烷）。再加上工厂烟囱排放的烟雾和汽车尾气导致的可吸入空气质量的整体下降，空气中就出现了化学特征。

　　还有更多。有一段时间，由于释放了氯氟烃（一种常用作制冷剂的化学物质，也是装有除臭剂或发胶的气雾罐里的主要推进剂），我们正在消耗原本稳定的臭氧层，从而造成一个巨大的空洞。我们可以把这些工业文明在大气中留下的痕迹称为光谱学上的"技术信号"。如果外星人像我们从远处观察系外行星那样观察地球，看到稳定的氧氮大气层突然遭到这些破坏，他们肯定会得出这样的结论：虽然一定存在生命形式，但地球上没有智慧生命的迹象。

样的经济、环境和技术限制下，即使是火星之旅也让人感觉难以实现。

　　现代科幻作家呼吁利用核能为我们人类的星际冒险提供燃料。利用原子核分裂或结合的力量，假设可以将旅程的时间缩短几个数量级。裂变分裂重原子核，产生原子弹所具有的毁灭性能量；聚变则不是分裂，而是将原子核结合来释放巨大能量。

　　太阳的内核不断发生聚变：在极大的压力下，两个原子核合并，产生更重的元素，并释放出巨大的能量作为副产品。核聚变的效率是裂变的 4 倍，是燃烧化石燃料的400万倍。以核聚变为动力的多级火箭（有朝一日也能驱动我们的核电站）可以让人类的速度达到光速的10%，甚至更快。

我们知道，根据火箭方程，必须燃烧更多的燃料才能承载尚未燃烧的燃料的重量（见第1章），这一坚不可摧的规则是人类太空旅行的第一个障碍，无论是前往月球、火星还是更远的地方。但是，让我们假设我们已经跨越了这个障碍，发明了一艘足够大的飞船，配备了足够强大和高效的发动机，可以舒适地载着人类在行星和恒星之间进行多年、几代人的旅行。这些太空人可能会面临什么困难呢？

美国能源部普林斯顿等离子体物理实验室（PPPL）提出的聚变反应堆或磁重联等离子体推进器概念

星际方舟代表着最终克服了地球人今天共同面临的几乎所有困难：从自给自足、公平合理的食物系统到心理健康。即使是火星殖民地也很难做到真正的自给自足。完全切断与地球的联系将是一项非凡的壮举。所有的物质都必须来自

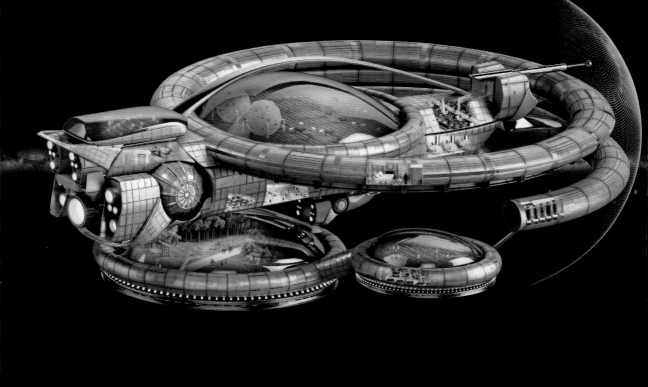

一艘概念世代飞船，配备了人类遨游宇宙所需的一切设备

某个地方，宇宙飞船无法开采新的资源。所有的东西都必须重复使用，或者从可以持续几代人的单一供应中进行补充。将你的居住地连接在一起的金属、塑料和电线最终都需要修理。你身上的衬衫只能穿这么几年，然后就会断线。维持你们生命的药物和食物将直接或间接地来自地球的生命系统。

然而，最复杂的挑战是非物质性的。什么样的政治制度才能确保所有居民的和平与正义？难道整整几代人终其一生，到死也看不到自己的劳动成果，而且知道他们的后代也看不到吗？为了满足濒危物种的好奇心而去追寻 B 行星就够了吗？在一个与母星隔绝、除了忍气吞声别无选择的社会里孕育一代人，这样做合乎道德吗？

但这些问题不正是我们在地球上思考的问题吗？如果能解决世代飞船社会可能面临的所有问题，我们一开始就不必去 B 行星了。据我们目前所知，地球是一个与世隔绝的世界，在宇宙中孤军奋战，被困在环绕恒星的轨道上数十亿年，没有食物、药品或空气来补充我们使用或破坏的东西。如果我们在这个世界上失败了，我们当然知道这样的失败可能意味着灭亡，那么我们能合理地期待在太空中的迷失会有不同的结果吗？

你可能会想，为什么我们不派遣一支机器人舰队代替我们去探索其他世界呢？毕竟，它们可以不受凡俗需求或情感所累，无须为满足这些需求而运送补给品。答案是，至少从目前来看，人类更擅长科学。即使人工智能成功成为我们的霸主，科学家（也许还有喜剧演员）的工作也可能是人类最后从事的工作之一。

五辆漫游车和一架直升机在火星表面进行了数十年的探索，每辆车都有多种实验和工具来勘测周围环境，但我们仍然不得不考虑外星生命藏匿在这颗红色星球某处的可能性。相比之下，人类可以在几秒或几分钟内完成漫游车需要几天、几周完成，或者永远无法完成的任务。我们可以通过机器人梦寐以求的灵巧思维，创造性地解决问题，而它们可能连梦都不会做。

但是，即使我们能够推动机器人技术的发展，创造出完美的机器人——它们能够复制人类的能力并模仿创造性思维——探索的冲动仍然一如既往地牢牢扎根于人类的心灵深处。如果机器人探索能够满足这种冲动，那么为什么我们还要决心在月球和火星上建立殖民地呢？为什么我们还要继续投入数十亿美元购买更新、更强大的望远镜，以帮助我们看得比以前更远一点？为什么我们要把人类无知的范围扩大到宇宙的边缘甚至更远？

埃德温·哈勃在1936年出版的《星云世界》（*The Realm of the Nebulae*）一书中捕捉到了这种情绪：

> 太空探索在不确定中结束。这也是必然的……我们对近邻的了解相当深入。随着距离的增加，我们的知识会迅速消失。最终，我们到达了昏暗的边界——我们望远镜的极限。在那里，我们丈量着阴影，我们在幽灵般的测量误差中寻找着几乎没有什么实质意义的地标。

好莱坞科学

死于真空

如果人类不穿太空服就进入外太空，究竟会发生什么？在电影《火星任务》中，指挥官伍迪·布莱克和船员被迫撤离他们的飞船。在骚乱中，指挥官伍迪被抛离飞船，踏上了一条无望的轨道，进入了黑暗的未知世界。为了不让妻子冒着生命危险去救他，他摘下头盔，将脸、头和身体暴露在无情的真空中。几秒钟后，我们看到了毫无疑问已经死去的伍迪，他的脸和眼球都已经被冻得结结实实。这是一个英雄般的场景，既令人毛骨悚然，又极具毁灭性。在现实中，他确实会死——但不是死于瞬间冻僵。让我们来分析一下真空死亡的现实结果：

1. 肺部爆裂和窒息

如果伍迪在摘下头盔前屏住呼吸，他首先会感觉到肺部爆裂，因为他体内（包括肠道）所有的气体，都会立即寻找他周围密度较低的区域。

但是，假设我们的指挥官在摘下头盔之前完全呼出了气体。我们的大脑由肺部的含氧血液补充，所以15秒钟后，伍迪的身体就会耗尽血液中储存的所有剩余氧气，流向大脑的脱氧血液会使他失去知觉。但他仍然不会死，也绝对不会被冻死。

2. 血液沸腾

低压环境下的沸腾温度要低得多，正如我们在火星上进行的水的三相点思想实验。在真空的太空中，我们血液中的气体会开始沸腾，导致我们的身体膨胀——不过还不至于像电影《全面回忆》

中那样眼睛从脸上逆出来。因此，指挥官伍迪舌头上的唾液会直接沸腾，他眼睛的毛细血管也会开始破裂。几分钟后，他很可能会因缺氧而死亡。

3. 灼伤

如果不戴头盔，伍迪的脸就无法免受阳光照射。除非他发现自己处于一个阴影浓重的区域，比如飞船或行星后面，否则他的皮肤会被灼伤，不是因为热量，而是因为太阳中对生物有害的高剂量紫外线。

4. 冻僵

伍迪的尸体最不可能发生的事情就是结冰，但前提是它不能离热能源(如恒星)太近。一两天后，指挥官的尸体就会被冻得僵硬。当他决定摘下头盔时，这具保存完好、被灼伤、充血、肿胀的尸体将留在太空中，慢慢屈服于离他最近的任何物体的引力。

斯坦利·库布里克（Stanley Kubrick）的《2001：太空漫游》是有史以来最具代表性的科幻电影之一，该片于1968年上映，改编自阿瑟·克拉克（Arthur C. Clarke）的早期故事。与《火星任务》相比，《2001：太空漫游》更准确地描绘了在太空中没有保护的人体可能遭遇的现实。名为 HAL 9000（启发式编程算法计算机）的反派人工智能程序试图将主人公锁在宇宙飞船外，迫使他在暴露于真空空间的情况下，不戴头盔跳入未加压的气闸，并接通气压杆。这个场景持续了整整14秒（在完全准确的全静音状态下）。这段时间刚好够我们的主人公躲过昏迷，拯救自己。

当然，他可能需要比影片所允许的更多时间来恢复，但他确实活了下来，而且没有立即冻僵、爆炸或蒸发。

　　探索和发现的一个必然结果就是无知的范围不断扩大，将我们已知的事物与有待发现的事物分隔开来。我们目前正在深入探索我们的宇宙，探索它五花八门的内容和并不虚无的空间。然而，前门外是一个充满奇迹的蛮荒之地，除其他怪事外，还包括我们是否居住在一个模拟宇宙中，以及我们的宇宙是否只是多元宇宙中无数其他宇宙中的一个等问题。谜团层出不穷，前方无边无际。

　　宇宙之旅仍在继续。

哈勃空间望远镜观测到的银河系卫星星系之一，
大麦哲伦云中的气体和尘埃旋涡组成的宇宙海洋

TO INFINITY
AND BEYOND

第 四 章

超越无限

"在整个科学史上，

从来没有一个时期像过去十五年或二十年那样，

新理论和新假说如此迅速地接连出现、蓬勃发展、

再被抛弃。"

—— 威廉·德西特 ——

1932 年

在伽利略对宇宙进行开创性观察之后的三个世纪里，宇宙发现不断瓦解人类以自我为中心的世界观。时间来到20世纪，爱因斯坦提出了新的宇宙理论，我们的现实通过另一个完全不同的维度——时间——进一步扩展。宇宙变成了一个充满无数新的可能性、问题和谜团的汪洋大海。新的现实、新的维度，甚至新的宇宙在我们面前涌现。请继续这场旅行，因为在宇宙发现之旅的最后一段，我们将深入黑洞的旋涡，在那里空间和时间会扭曲得面目全非。我们穿梭于过去和未来；我们以比光速更快的速度移动；在我们人类意识所能承载的范围内，我们认识到穿梭于无限和超越无限意味着什么。

相对论揭示了一个像织物一样扭曲、弯曲和波动的宇宙，引力和速度改变了时间的流向。但相对论也提出了一个不断运动的宇宙，它有明确的起点，却没有明确的终点。这些影响并没有立即显现出来，也没有被人们接受，尤其是爱因斯坦本人。宇宙是一个恒定、不变、永恒的实体，这似乎是如此显而易见的事实，以至于即使面对相反的数学结论，爱因斯坦也在他的方程中增加了一个项，使其与他已经推测的宇宙性质相吻合。

他把这一个项称为宇宙常数。我们可以把它看作一种认知偏差。它后来被称为爱因斯坦最大的失误。

早在埃德温·哈勃和乔治·勒梅特发现宇宙正在膨胀（这意味着宇宙有一个

章前图：辉煌的创世时刻：大爆炸，以醒目的红色和金色表达

左图：令人叹为观止的创世之柱中年轻恒星的形成过程，透过詹姆斯·韦伯空间望远镜的近红外光视图观测到

开端，也就是现在所说的大爆炸）之前，世界上许多文化就已经接受宇宙经历了创世时刻的观点，其宗教典籍也是这么说的。几乎每种信仰都有独特的创世神话。《希伯来圣经》以"起初"作为开头，根据亚伯拉罕三大宗教（犹太教、基督教和伊斯兰教）的经文，天地是用六天时间创造的。在佛教和耆那教中，宇宙经历着创造和毁灭的永恒循环。印度教认为，现今的世界大约产生于40亿年前的循环，它可能是已知宗教中唯一按照与现代宇宙学相适应的时间尺度来构想宇宙的。

也许，如果爱因斯坦是印度教徒，他会更容易接受一个非静态的宇宙，一个可以开始、结束并不断变化的宇宙。不过，就历史学家所知，爱因斯坦的思维并未受到宗教典籍信条的限制或激励。

19世纪，当生物学家、地质学家、天文学家和神学家还在为地球的年龄争论不休时，他们的争论已经与宇宙起源的思想脱钩。他们认为，即使地球有一个特定的诞生日，也不可能无中生有。宇宙一定一直在这里——一个无限的、永恒的地方，人类、恒星、行星和万物都在这里诞生。没有证据表明还有其他可能性。甚至连思考这样的想法，都是一个狂热的梦，一种脱离了理智或哲学理性的幻想。

爱因斯坦将静态宇宙的概念牢牢地固定在他的哲学基石上，并发展了他的广义相对论。随后，他将其应用于整个宇宙。他在1917年发表的论文《根据广义相对论对宇宙学所作的考察》体现了他对静止宇宙的假设，尽管他自己的方程揭示了不稳定宇宙这一令人不安的事实。整个宇宙就像一个平稳放在山顶的皮球，随时都会朝某个方向坠落，宇宙要么在膨胀，要么在收缩。无论哪种选择都会导致最终的灭亡。考虑到当时物理学家主动或被动思考的所有问题，这种结果是完全站不住脚的。于是，爱因斯坦在他的方程中加入了一个反引力项，即宇宙学的"屏障"，来平衡一切。看吧，一个不变的、不老的宇宙。

五年后的1922年，苏联数学家亚历山大·弗里德曼（Aleksandr Friedmann）建议爱因斯坦考虑运动中的宇宙。爱因斯坦最初否定了这个想法。但弗里德曼坚持了下来，他直接写信给爱因斯坦说："考虑到非静止世界的可能存在具有一定的意义，请允许我在这里向你介绍我所做的计算。"几个月后，在发表这些计

自已知宇宙从大爆炸中诞生以来，已经过去了大约140亿年

算结果的杂志上，爱因斯坦的态度略有缓和。他承认，尽管弗里德曼的计算仍允许爱因斯坦的静态宇宙存在，但动态宇宙也是可能的，他写道："我认为弗里德曼先生的计算是正确的，并带来了新的启示。"

此后五年，勒梅特在弗里德曼之外发表了自己对膨胀宇宙的推导。爱因斯坦拒绝认可；据说，他称勒梅特的物理学"令人憎恶"。1929年，埃德温·哈勃整理了现有的观测证据，得出结论：星系正在远离地球，而且距离越远，退行速度越快。最终，爱因斯坦在1931年完全认可了这一点。他说："遥远星云的红移像锤子一样击碎了我的旧理论。"这就是一位文采斐然的科学家承认错误的方式。

新的宇宙产生了新的问题：如果宇宙在膨胀，那么昨天的宇宙比今天的宇宙要小。宇宙是否始于一次单一的爆炸？在何时何地？如果是这样，宇宙有多老？宇宙有多大？

地球的年龄

在科学革命刚刚起步的17世纪，《圣经》仍然是犹太教和基督教信徒的终极真理来源。他们的神学家推算地球年龄的首选方法是统计《旧约》中记录的古老家谱。17世纪的爱尔兰神职人员詹姆斯·厄谢尔（James Ussher）根据《圣经》中记载的各种人物的家谱关系，将他们的寿命相加，得出了公元前4004年10月23日这个精确的创世日期。其他人则认为创世时间还应该早1 000年左右，6 000年或7 000年的时间对于所有口述历史的发生和天空中所有行星的形成来说似乎足够长了。那时，还没有基督教思想家想过宇宙会不会有几百万年的历史，更不用说几十亿年了。

两个世纪后，地质学和生物学的新兴领域揭开了地球的面纱，从而也揭开了宇宙的面纱，而这需要的时间尺度远远超过人们的想象。与宗教观点相反，流行的地质学观点认为地球无限古老。正如18世纪英国地质学家詹姆斯·赫顿（James Hutton）所总结的那样，地球"没有开始的痕迹，也没有结束的前景"。

到19世纪40年代末，英国物理学家威廉·汤姆森（50年后成为著名的开尔文勋爵）确立了热力学基本定律，解决了热的行为和能量从一个地方或一个系统向另一个地方或另一个系统移动的问题。根据他自己对太阳的质量、表面温度和总能量输出的计算结果，他不知道太阳核心有一个热核炉，他推测太阳是一个缓慢冷却、收缩的气体球，并将太阳的最小年龄定为2 000万年。由于地球不可能比太阳更老，所以地球的年龄必须与太阳相同或更小。

这几百万年的时间跨度令人恼火：太长了无法取悦宗教激进主义者，太短了又与地质数据不符。1859年，查尔斯·达尔文发表了《物种起源》，认为生物是通过自然选择缓慢进化的。这一观点与地质观测相结合，提出了一个更古老地球的要求。物理学家、地质学家和生物学家之间的争论持续了几十年。鉴于物理学是最狂妄的科学，而开尔文勋爵又是那个时代最耀眼的明星，他的观点最终胜出。就连美国作家马克·吐温也对这一推测发表了看法。他说："开尔文勋爵是当今科学界的最高权威。我认为我们必须顺应他，接受他的观点。"

到19世纪末，波兰出生的法国物理学家、化学家玛丽·居里（右下图，约1920年）共同发现了放射性，这一发现催生了核物理学以及放射性年代测定这一领域。通过观察岩石和化石中某些不稳定元素衰变成另一种元素的比例，就能够确定这些元素的年龄。这大大提高了地质年代测定的精确性，得出了地球的年龄，并推测太阳的年龄大约为45亿年。我们现在知道，通过热核聚变，太阳可以"燃烧"数十亿年，并将继续燃烧数十亿年。因此，让我们感谢玛丽·居里，她是有史以来唯一一位在两个不同科学领域获得诺贝尔奖的人，感谢她推动并最终结束了这场伟大的争论。

大爆炸还是玩笑？

20世纪40年代，英国天体物理学家弗雷德·霍伊尔（Fred Hoyle）很清楚两件事：宇宙在膨胀；宇宙不可能比地球年轻。他推断，整个宇宙不可能无中生有。为了调和所有这些假设，他提出了一个全新的观点——稳态模型。在这个稳态模型中，膨胀的宇宙是无限的、不老的，而且总体看起来一直是一样的。任何事物都在不断膨胀，但怎么可能看起来总是一样的呢？

为了解决这个问题，霍伊尔假设稳态宇宙中的物质是自发地、持续地、均匀地产生的，而这种创造的能量正在把星系推开。自发产生的物质慢慢凝聚在一起，形成新的恒星和星系。这就是他提出的所有天体和天文现象的统计稳定状态在整个宇宙和无限时间中的实现方式。尽管霍伊尔从未解释过物质出现的方式，但他认为自己的稳态模型要比"宇宙中所有物质都是在遥远过去的某个特定时间的一次大爆炸中产生的假说"可信得多，他在1949年英国广播公司的一次电台广播中嘲讽地描述了该假说。

霍伊尔为其对手的理论所起的讽刺性绰号就这样沿用下来，这就是"大爆炸"名称的由来。

星系相互飞离的精确速度，由哈勃首先测量，随后由其他人进行微调，称为哈勃常数（用 H_0 表示）。如果我们假设宇宙始终保持着相同的膨胀速度，那么我们就可以将其反向推导，并通过测量结果预测出大约多久以前万物都挤在一个小小之处。

要确定我们宇宙的年龄，你需要的只是哈勃常数的值（如果它确实是一个常数的话），以及一些已知的到其他星系的距离。只要稍加计算，就能得出宇宙的年龄。利用这些数据，埃德温·哈勃将宇宙的轨迹追溯到了不到 20 亿年前的一个时间点。

但那时，地质学家提出地球至少要有 30 亿年的历史，才能解释他们在岩石中发现的东西。显然，其中一定有人错了。哈勃提出的 20 亿年前的宇宙引起了地质学界的嘲讽，勾起了人们对几十年前地球年龄的回忆。科学家们更准确地知道地壳告诉我们什么，但不断膨胀的宇宙又是什么呢？宇宙年龄这个令人费解的难题又持续了几十年，同时也引发了一些有趣的新问题和新猜想。

1952 年，在美国工作的德国天文学家沃尔特·巴德（Walter Baade）解开了隐藏在某类恒星中的谜题，帮助减少了天文和地理两大阵营之间的摩擦。这一发现使宇宙的大小和年龄增加了一倍。

哈勃曾用一种名为"勒维特定律"的方法计算出到附近星系的距离，这是美国天体物理学家亨丽埃塔·勒维特 20 世纪 10 年代初在哈佛大学做人类计算机工作时发明的一种宇宙尺度。勒维特被安排对变星（一种亮度随时间变化的恒星）进行编目。在仙王座的恒星中，她发现了一类变星，现在被称为造父变星（Cepheid variables），它们变亮和变暗的模式与其光度（换句话说，它们内在的亮度或绝对星等）直接相关。有了这一发现，就可以通过对光变周期的计算来推断它们的光度。一旦知道了你正在观测的物体的光度，你就可以测量它的视亮度，应用一个简单的代数方程，就可以得出到这个物体的距离。利用这个公式，勒维特发现了如何估算地球到银河系甚至其他星系中许多天体的距离。

对于埃德温·哈勃来说，这个简单而出色的方法是打开数百万光年及其所包含的遥远星系之门的一把重要钥匙。但是，经过十年的仔细观测，沃尔特·巴德确定了造父变星并非只有一种，而是存在两种类型，而且第二种类型的遥远星系距离银河系的距离是之前认为的两倍。现在，随着距离的加倍，宇宙的年龄

> 你需要的只是哈勃常数的值，以及一些已知的到其他星系的距离，只要稍加计算，就能得出宇宙的年龄。

也增加了一倍，接近 40 亿年。这个更新后的数字会让地质学家和天体物理学家都感到欣慰。

但我们还没有完成全部改进。

几年后，哈勃的助手、巴德的学生、美国天体物理学家艾伦·桑德奇（Allan Sandage）将宇宙年龄增加到了 55 亿年，因为他发现一些测量到的最亮星系根本不是星系，而是氢云。1953 年哈勃逝世后，桑德奇继续完善哈勃常数，并将宇宙年龄增加到约 100 亿年——更接近我们现代估计的 138 亿年。

与此同时，弗雷德·霍伊尔从未放弃他的稳态宇宙模型，这个模型与勒梅特的宇宙大爆炸理论不相容。几十年来，这两种观点一直争论不休。遗憾的是，勒梅特去世两年后，一个偶然的发现支持了大爆炸理论。

1964 年，美国物理学家阿诺·彭齐亚斯（Arno Penzias）和罗伯特·威尔逊（Robert Wilson）偶然测得了宇宙的温度。在新泽西州贝尔电话实验室工作时，两人的任务是探测并清除任何可能干扰我们新生通信卫星的微波辐射。他们的设备捕捉到了一种微弱的、令人费解的杂波，这种杂波从天空的各个方向发出，每时每刻，不分昼夜。在几个月的时间里，地球绕着太阳转了一圈又一圈，这种杂波一直存在。我们现在知道，这个信号是我们在宇宙中探测到的最古老的东西——宇宙有史以来发出的第一束光。

宇宙大爆炸发生 38 万年后，当我们的宇宙还只是一个体积只有现在的十亿分之一的宇宙婴儿时，光就从之前囚禁它的万物沸腾、咆哮的等离子体中喷涌而出。逃逸的光留下了一个图案，在整个空间刻下了它曾经沸腾的光辉的痕迹。随着空间的扩大，光的波长延伸（红移）到了光谱的微波部分，使整个空间的温度达到约 3 开氏度（热力学温标绝对零度以上 3 度），或者说零下 454.76 华氏度，在各个方向都能探测到。我们称之为宇宙微波背景，简要称为 CMB。

当提到宇宙的温度时，我们指的是宇宙微波背景的温度。如果我们能冒险来到宇宙中最黑暗、最寒冷、最空旷的虚空，把一支灵敏的温度计伸出飞船的

右图：哈勃空间望远镜拍摄的这颗造父变星船尾座 RS 的亮度每 40 天左右变化一次

窗口，温度计的读数大约是3开氏度——比自然界的低温下限高出3度。就像我们永远找不到宇宙中真正空无一物的角落一样，我们也永远找不到没有宇宙微波背景的角落。

当恒星发出的光线在太空中向外膨胀时，光线会迅速稀释，在很远的距离上都无法探测到。另一方面，宇宙微波背景则遍布每一平方英寸的空间，而且所有空间的温度几乎完全相同，相差仅不到一度。这一事实只能说明一件事：宇宙在同一时间、同一地点经历了同一事件。是的，这要归功于宇宙大爆炸。

数十亿年前，当宇宙微波背景第一次逃逸时，它的温度约为3 000开氏度，如果有人在观测的话，它会被探测到主要是可见光和红外光。它穿越的空间不断延伸。现在，它在各个方向上的尺寸都扩大了1 000倍，波长也拉长了1 000倍——变成了1964年彭齐亚斯和威尔逊发现的波长又长温度又低但可以探测到的微波。数十亿年后，微波将进一步红移，变成无线电波——"宇宙胎记"会随着延伸而逐渐变淡，但永远不会在时空表皮上完全消失。

彭齐亚斯和威尔逊的任务只是改善地球上的卫星通信。但就在这一过程中，他们偶然发现了宇宙大爆炸的确凿证据，这一发现为他们赢得了诺贝尔物理学奖。静态、稳态的宇宙模型最终被钉进了棺材。取而代之的是弗里德曼、哈勃和勒梅特所想象的动态宇宙，它的胜利是注定的结果。

但是，每一次宇宙学发现都会带来新的难题。

去往边缘

我们知道宇宙在膨胀，而且膨胀从一个点开始。此外，宇宙中的一切都必须遵守速度限制。理性正当地规定宇宙必须有边缘，那里是空间与非空间之间的终极屏障。尽管这听起来很有道理，但它产生于一个错误的前提，错误的部分原因由人类自我驱动。当谈论宇宙的边缘时，我们真正指的是可观测宇宙的边缘，即光线受限于有限的速度，还来不及到达我们望远镜的视野。如前所述，时空会像罂粟籽松饼一样膨胀。在膨胀的是罂粟籽之间的空间，而不是罂粟籽本身。

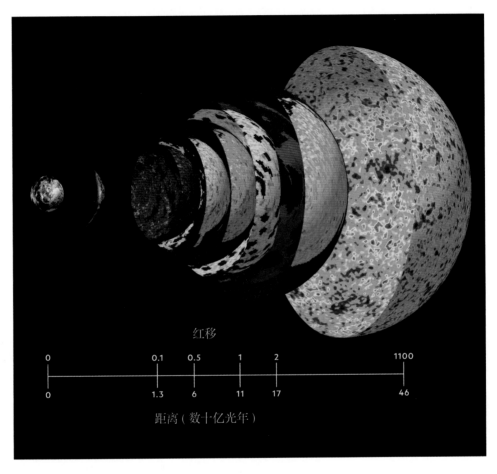

不同红移下的宇宙微波背景

不过，这种比较是有问题的，因为我们知道罂粟籽松饼只存在于空间中——在我们的手里、烤箱里或者我们的胃里。相反，我们可以把松饼想象成以大写字母 E 开头的万物（Everything）。但如果是这样，你可能会问，既然间隙空间在膨胀，为什么它不在恒星、行星之间，甚至地球上的分子之间膨胀呢？我们在夜空中看到的星座不也应该随着其组成部分之间的空间膨胀而失去形状吗？

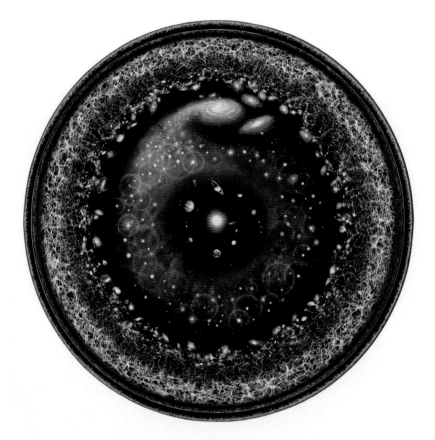

在这个可观测宇宙的对数映射概念图中，太阳系位于中心。
向外扩展的是内外行星、柯伊伯带、奥尔特云、半人马座阿尔法星、英仙臂、银河系、
仙女座星系、附近星系、宇宙网和宇宙微波辐射，而大爆炸位于外缘

也许在霍伊尔的稳态宇宙中我们会遇到这种情况。但是在我们的宇宙中，引力——通常被认为是一种微弱的力——其实并没有那么弱。物质的累积拉力让每个星系以及居于其中的每个行星、恒星和分子都成为一个有条不紊的整体。它们就是罂粟籽。在这些紧密结合的区域之外，空间屈服于膨胀的力量，一路不断变大、变薄。

如果我们现在重提这个问题，我们可能会问：在可观测宇宙的边缘之外是什么？换句话说，万物的尽头在哪里？空间和时间同时在各处开始。万物只是变小了而已。

据我们推断，在可观测宇宙的边缘之外是更多的宇宙——与我们已经看到和知道的没有什么不同。更多的星系，更多的恒星，更多的行星，更多的黑洞。整个宇宙的直径可能是数万亿光年，也可能是无限大。

即使是这样的边缘呢？在所有边缘的边缘之外，在我们宇宙地图的未知领域，我们不知道。我们也无法知道。即使我们能以光速去追赶逃亡的星系，我们也永远追不上。

时空

我们可以见证过去——不仅通过怀旧照片和录像带，还通过每一次观测星空。我们看到的太阳不是现在的样子，而是500秒前的样子，因为光在太阳和地球之间的传播需要这么长时间。如果一按开关，太阳瞬间变冷变暗，我们要过500秒才会知道。如果同样的事情发生在夜空中最亮的恒星天狼星上，我们也要等到将近9年之后才会知道。

想象一下，在几百光年外的星球上有一个先进的外星物种。如果他们把强大的望远镜对准地球，他们可能会看到一颗蓝色的星球，上面有液态水和氧氮大气层。如果这个先进的外星物种立即把自己传送到地球上再看一看，他们会发现这个星球比他们第一次看到的还要古老几百年。他们现在意识到，这个星球已经被一个物种占领，这个物种正在消耗它上面的所有资源，其消耗速度足以让这个星球在短时间内变得无法居住。而这仅仅是几百光年的距离。如果没有望远镜的帮助，我们可以看到数千光年之外的恒星。那么，自从它们的星光到达我们的眼睛之后，它们可能发生了什么呢？我们无法知道。现在还不知道。

如果我们能把自己传送到10亿光年外的星系中的一颗行星上，我们可能会到达一颗正在爆炸的主恒星的中间，或者到达早已被一颗袭击的小行星摧毁的世界的一缕残骸附近。观测深空虽然算不上时空旅行或魔法，却是我们所拥有的最接近过去的水晶球。

如果你还不相信时间和空间从根本上是纠缠在一起的，那么你显然不是一个专业的活动策划人。

一份有效的派对邀请函必须回答以下某些问题：

1. 地点在哪里？换句话说，地球表面的 x 坐标和 y 坐标是多少？

2. 派对在哪一层？或者说，z 维度上的坐标是多少？

3. 日期和时间是什么？或者，第四维坐标是多少？

4. 最后，DJ 怎么安排？

尽管爱因斯坦提出了将空间和时间统一起来的方程，却是他曾经的老师首先将这两个原本分离的概念结合在一起。在爱因斯坦发表狭义相对论三年后，德国物理学家赫尔曼·闵可夫斯基（Hermann Minkowski）在一次演讲中提出了一个著名的观点："从今往后，空间本身和时间本身都注定会消逝得无影无踪，只有二者的结合才能保持独立的现实。"

在同一次演讲中，闵可夫斯基提出了"世界线"这一术语。世界线是任何物体（无论粒子还是人）的映射轨迹，包括时间坐标。一场聚会的举行，是因为所有与会者的世界线相交。这简单而深刻的意思是，每个人都设法在同一时间占据同一个地方。

时间和空间交织在一起，共同绘制在世界线地图上。然而，它们并不相同，也不是同等容易进入或同等不可避免。我们可以选择向左转或向右转，向上跳或向下跳。我们可以飞越大洋，遨游月球。但是，任何一个对过去感到悲伤和遗憾的人，任何一个对未来感到焦虑不安的人，任何一个难以充分体验当下的人——几乎包括每一个人——都知道时间仍然是一个无法穿越的维度。

我们都以每秒一秒的速度迈向自己的未来，但我们无法与逝者相见，也无法见到我们未出生

> 时间和空间交织在一起，共同绘制在世界线地图上。然而，它们并不相同，也不是同样容易进入或同样不可避免。

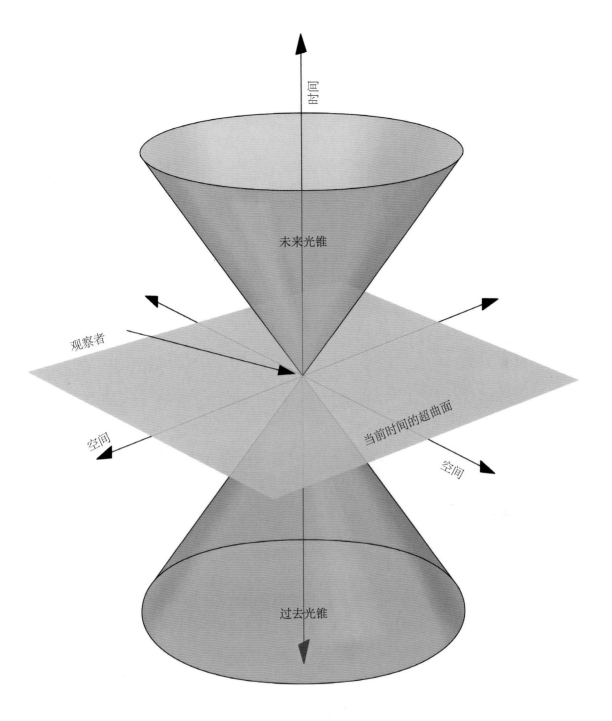

这幅图表达了闵可夫斯基关于时空中世界线的观点。

作为观察者的你，位于过去（下）和未来（上）锥体的交界处。平面（蓝色）是当前时间的超曲面

的曾曾孙。每一秒的流逝既是一扇关上的门，也是一扇打开的门，时间将我们从过去带向现在和未来，直到我们到达最终时空目的地的那一天。

我们的遗憾和忧虑可能会随着身体的衰弱以及年龄的增长而消退，但我们的过去和未来对我们来说仍然像天空中最遥远的星星那样遥不可及——至少现在是这样。大多数世界线是遥不可及的，因为我们无法在所有四个坐标之间来回穿梭。当然，宇宙的边缘永远在我们的世界线之外。你无法访问那些最遥远的星系，就像你无法第一次重读这句话一样。

打开我们世界线的线索——通往过去或未来的解锁之路——在灵媒的吟唱中听不到，在算命先生的纸牌中也看不出。它们写在数学方程里。爱因斯坦的理论预测并描述了美国物理学家基普·索恩（Kip Thorne）所说的"宇宙扭曲的一面"。他解释说，这个领域包含由扭曲的时空而非正常物质形成的事物和现象。

索恩最为人熟知的也许是他与激光干涉引力波天文台（LIGO）团队合作获得的诺贝尔物理学奖。2015 年，就在天文台先进的探测器启动几天后，也就是在爱因斯坦发表预测引力波的方程整整 100 年后，该团队探测到了引力波。两个大质量天体（如黑洞或中子星）的剧烈碰撞会以光速在时空中产生微小的涟漪。LIGO 测量到的引力波引起的位移比一个质子的 1/10 000 还要小。

LIGO 的科学家设想用引力波来观测宇宙，就像我们已经用电磁波来观测普通物质一样。他们的设备为我们打开了一扇通往宇宙的新窗口，就像 4 个世纪前伽利略的望远镜一样。引力波可能会揭示我们刚刚开始了解的扭曲宇宙的方方面面。由于引力波不是由光构成的，我们也许能够探测到比宇宙微波背景更早的宇宙引力波。

时间旅行：前往未来

除了引力波，索恩扭曲宇宙的例子还包括宇宙大爆炸、黑洞、虫洞和时间旅行。我们已经看到，宇宙大爆炸在宇宙微波背景中表现得淋漓尽致。LIGO 已经探测到了引力波。我们还获得了超大质量黑洞的图像。这是否意味着虫洞和时间旅行将是下一个发现呢？也许不是，但值得记住的是，几乎每一个颠覆常识的发现，都是以沸沸扬扬的怀疑论为铺垫的。有时，那些在科学战壕里辛勤工作的人，就是最大声的怀疑论者。虫洞和时间旅行的确很难与已知的物理定律相协调，但这并没有阻止伟大的思想家，无论是物理学家、哲学家、科幻小说家还是好莱坞导演，思考一个与这些可能性相容的宇宙。

然而，一个想法很疯狂，并不代表它就是真的。科学假说的垃圾桶里充斥着错误的想法。你永远不会读到关于这些想法的文章，因为它们都是疯狂的。所以，你可以对疯狂的新想法持合理的怀疑态度。

H.G.威尔斯的经典作品《时间机器》（1895）

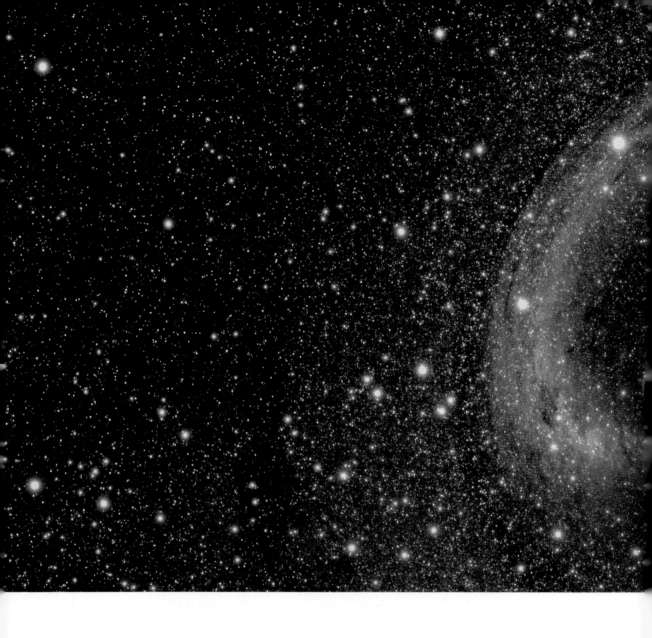

　　H. G. 威尔斯在1895年出版的《时间机器》一书中，将时间旅行作为科幻小说中的情节设置加以推广。故事的主人公是一位科学家和发明家，他创造了一种装置，将自己传送到数十万年后的未来。虽然故事本身因其社会和政治评论而为人们所熟知，但它也包含了威尔斯富有启发性的时间概念。

　　威尔斯提出了一个哲学问题。小说中的时间旅行者问他的同伴们："一个根本不会持续任何时间的立方体能真正存在吗？""显然，"他接着说，"任何真实的物体都必须在四个方向上延伸，它必须有长度、宽度、厚度和持续时

　　　　宇宙发现之旅

LIGO 首次探测到了 13 亿年前两个黑洞的碰撞，
这张计算机模拟图展示了如果能够近距离观察，我们将会看到的样子

间……实际上有四个维度，三个维度我们称之为空间的三个平面，第四个维度
是时间。"

　　尽管威尔斯具有很高的科学素养，并了解最新的物理学知识，但这段话还
是显示了他非凡的思维能力，因为支持这个观点的方程当时还不存在——直到
爱因斯坦的论文发表后才出现。

电影中的黑洞

　　基普·索恩与导演克里斯托弗·诺兰合作拍摄了科幻巨制《星际穿越》（*Interstellar*），从而将自己的名字刻在了流行文化中。这部电影以惊人的准确性展示了相对论所允许的奇异和扭曲现象。虫洞、黑洞、额外维度和时间膨胀都是故事中的情节点。

　　其中最引人注目的场景是主角们在银河系其他地方遇到的一个巨大黑洞卡冈都亚（Gargantua）。索恩与视觉特效团队紧密合作，制作出了面对真正黑洞时可能会出现的效果：中央黑影周围环绕着一个宽广的辐射光晕，黑影上有一条细细的光带，就像阴森恐怖的土星。我们看到的不

2014年电影《星际穿越》中描绘的黑洞插图

是黑洞，而是被它的引力抓住的周围光线。横跨黑洞中段的光环是旋转的能量，而阴影球的边缘是从正面看到的黑洞背后扭曲的光线。

《星际穿越》于2014年上映，比天体物理学家首次公布黑洞的真实图像早了五年，该黑洞潜伏在巨型星系 M87 的中心深处。这个超大质量样本的质量是太阳的 60 多亿倍，位于 5 300 万光年之外。

你会发现这两种黑洞描述之间有一些关键的区别。显然，事件视界望远镜的分辨率无法与奥斯卡获奖视觉效果相媲美。忽略这一点，你会发现 M87 上明显没有横向的环。这不是疏忽，而是视角不同造成的。想象一下从上往下或从下往上观看土星：土星环会呈现为一个圆形光环，看不到横杆。

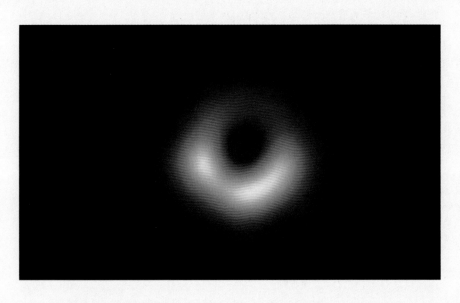

利用事件视界望远镜观测 M87 星系中心时捕捉到的第一张黑洞图像

你还会看到，卡冈都亚黑洞的亮度是均匀的，而 M87 黑洞的一侧比另一侧更亮。这就是多普勒效应在起作用。一侧看起来更亮是因为光子发生了蓝移，即向观测者移动；而暗淡一侧的光子发生了红移，即在黑洞后面旋转时后退。索恩很清楚，黑洞可能会以这种方式出现在观察者面前，所以他选择为卡冈都亚黑洞牺牲了这一点科学性。

这就是电影中出现的"蒂凡尼问题"的一个例子。这个短语由加拿大作家乔·沃尔顿（Jo Walton）提出，通常指历史小说，但也适用于科幻小说。"蒂凡尼"可能听起来很像一个现代美国名字，流行于 20 世纪末，但不会更早，对吗？错了。事实上，这个名字起源于 12 世纪的欧洲。因此，以中世纪的法国为背景，讲述一个名叫蒂凡尼的人的故事，是一个完全合理的选择。但这样的选择会让那些自以为了解这个名字在时间和地点上合法性的观众瞠目结舌。这会显得太不协调，并有效地分散观众对主要故事的注意力。

同样，如果《星际穿越》中的卡冈都亚一侧比另一侧明显更亮，观众也会质疑这种效果。无论在科幻小说中还是在其他地方，故事讲得最好的作者都知道何时何地应该牺牲真实，如果为了准确而准确，可能会分散注意力或混淆视听。正如马克·吐温所说："首先要弄清事实，然后才能随心所欲地歪曲它们。"

爱因斯坦1905年的狭义相对论揭开了时间旅行的第一个秘密：光速恒定。艾萨克·牛顿假定时间是普遍的，或者说是绝对的，这意味着任何地方的任何事物都以同样的方式经历和观察时间。当然，牛顿丝毫不知道还有其他太阳系，更不用说星系在等待他去发现。但如果他知道的话，他可能会假设，在遥远的星系中，有一个外星物种可以让他们的时钟与我们的同步，而且除非时钟本身出现任何技术问题，否则两个时钟会保持同步，我们会很高兴地就宇宙中任何事件的时间和日期达成一致。然而，爱因斯坦的狭义相对论揭示，任何形式的同时性都只是一种幻觉，时间本身会因观察者的不同而变化。

如果在牛顿的宇宙中举行星际太空奥运会，如果无数星球上的外星人和人类观众都能在家中观看比赛，那么每个人都会就200米短跑的时间达成一致。但在爱因斯坦的宇宙中，每个时空区域的计时时间都会与奥运会官方计时器测得的获胜时间不同。从短跑选手的角度看可能只需20秒的短跑，从外星世界的角度看可能要持续数年。

时空设定了速度限制，万物都必须适应。不过，它的方式很怪异，看似不可能。欢迎来到相对论，在这里，时间是相对的——你猜对了。

要理解我们的世界为何如此运行，我们可以做几个简单的思想实验。假设一辆车开着刺眼的前灯向你驶来，而你站在原地一动不动。如果车上的乘客从车窗向你抛出一个球，球将以投掷速度加上车速飞来。那么车前灯发出的光子呢？车前灯不是也应该以光速加上车速向你移动吗？不，事实并非如此，光子的速度不会超过光速，无论汽车本身的速度有多快。

现在想象一下速度更快、距离更远的东西，比如飞机。飞机上的乘客可以跳上跳下、四处走动，或者把球从飞机的一端扔到另一端，所有这些在他们看来都是正常的速度。他们的参照系被锁定在飞机内部。只要飞机保持匀速运动，不改变方向，不加速或减速，相对来说，飞机就是他们的世界。而在地球上，他们从飞机后方抛向前方的球的运动速度是飞机的速度

> 时空设定了速度限制，万物都必须适应。欢迎来到相对论，在这里，时间是相对的——你猜对了。

加上抛球的速度。与此同时，飞机导航灯发出的光子以光速移动，永远不会超过光速，就像超速行驶的汽车的前灯一样。

现在是最不可思议的部分。在科学课上，你可能会被告知：

$$d = v \times t$$

d（距离）等于 v（速度）乘以 t（时间）

如果光速 (v) 在任何地方都是恒定不变的，那么 t 和 d 必须发生变化来补偿。换句话说，对于光速下的两个不同距离来说，时间本身是变化的。这是关于时间旅行的第一个也是最基本的方程。当我们深入时空并超越时空时，你只需要知道这个方程。这就是数学作为宇宙语言的美丽和简洁之处。虫洞、时空旅行或隐形传送等奇异的想法有时会被描述为"数学上的可能性"。方程 $d = v \times t$ 就是这样一个例子。

这里还有另一个思想实验。想象一艘飞船以接近光速的速度从头顶飞过。在飞船内部，一名宇航员站在中间，手持两把光子枪，手臂伸出各持一把，瞄准飞船的两端。如果她同时扣动两个扳机，从她的角度来看，飞船的前后两端就会在同一时刻亮起来。

然而，从你在地球上的视角来看，情况并非如此。你会看到飞船的后端比前端更早一点亮。谁是正确的？令人难以置信的答案是：你们都对。怎么会这样呢？

在光子枪释放光束的同时，飞船本身也在向前移动。后端迅速向着光子枪瞄准它的方向射来的光束移动，而前端则迅速从另一光子枪瞄准的光束前退却。因此，尽管光速保持不变，但两束光所覆盖的距离不同。到飞船后端的距离变得小于到其前段的距离。从地球人的角度来看，飞船也显得更小，因为它沿着运动方向从后向前收缩。在前端，距离变大，因此光到达那里需要更多时间。

现在，假设我们的宇航员打开浴室的灯，照了照挂在飞船侧墙上的镜子。从她的角度来看，光子直接从灯泡到她的脸，再到镜子，然后以最短的路径回到她的眼睛。但从地球人的角度来看，当飞船向前急速飞行并远离光束时，光以较长的对角线路径射向镜子。光的速度是限定的，它必须花更多的时间才能赶上。

和光子枪一样，地球人观察到的浴室灯光的光子移动的时间比宇航员观察到的时间要长。同样，他们都是正确的。从地球人的角度来看，飞船里发生的一切确实发生得更慢。墙壁上的时钟需要更长的时间来计时。宇航员的心跳也慢了下来。她回到地球时比地球人年轻了一丁点儿，就因为她在太空中移动得更快。这就是穿越时空到达未来。在物理学中，这种现象叫作时间膨胀，宇航员一直都在这样做。

如果飞船以接近光速95%的速度飞越地球一年，时间延迟就会累积起来。在这段旅程中，地球人经历了三年，而宇航员只经历了一年。如果飞船停下来，调转方向，以同样的速度飞回地球，再花一年的时间，那么地球上的观察者现在将老六岁，而宇航员只老了两岁。这两种不同的现实，无论在我们微弱的直觉看来多么不可调和，都是准确而真实的。这不是幻觉，这是物理学。

但如果数学无法让你相信这个简单而深刻的真理，也许 μ 介子的故事会让你信服。

每时每刻，宇宙射线，也就是带电的亚原子粒子，都在外太空以光速的99.99%的速度撞向地球大气层。在与我们稠密的大气层相撞时，它们会迅速分解成更微小的带电粒子。随之而来的碎片由许多不稳定粒子组成，其中包括 μ 介子，它与电子相似，但质量是电子的200倍。我们从 μ 介子在粒子加速器中的表现得知，如果任由其自行衰变，它们会在大约两百万分之一秒内衰变，这大概比你眨眼的速度快15万倍。平均衰变速度是可测量的、精确的，而且最重要的是，它是可预测的。尽管 μ 介子的寿命很短，但它们的运动速度非常快，从诞生到衰变，它们仍然可以移动近半英里。

然而，μ 介子是在远高于半英里的大气层中的粒子雨中产生的，大约在海平面以上9英里。因此，在到达我们的仪器之前，它们应该早已衰变。然而，尽管 μ 介子寿命短暂而不稳定，它们还是经常到达地球表面。那么，如果 μ 介

好莱坞科学

死于时间机器

"我们在哪儿？"一个时间旅行者从他们未来的时间机器中钻出来时问另一个人。"你是问我们在什么时候？"同伴很自然地反问。你会经常在时间旅行故事、电影和电视剧中看到这样的笑话，尽管其中的笑点暴露了编剧对时空本质的误解。事实上，你看过的几乎所有时空旅行电影都搞错了。

下面是对这一经典场景更准确的描述：两个时间旅行者从他们未来的时间机器中钻出来，并迅速在真空空间窒息而死。故事结束。

除非你只是穿越到几小时后的未来，否则你最好希望你的时光机器可以兼做宇宙飞船。很有可能，当你到达指定的时间和日期时，地球早已离开了你出发时的坐标，因为它正以每小时 67 000 英里的速度绕着太阳运行。无论你选择的是什么时间和日期，你都还必须指定一个与之匹配的地点。为了解决这个问题，你可以尝试只以整年为间隔进行旅行，以确保在地球绕太阳运行的轨道上找到与你离开时相同的位置。1985 年的电影《回到未来》（*Back to the Future*）选择回到整整 30 年前，而不是比如说 30 年零一周，从而摆脱了这个问题。

但是，等一下。即使地球处于其轨道的预期部分，你也必须考虑到地球的自转，包括它在自转轴上摆动的事实。在中纬度地区，地球表面的自转速度约为每小时 800 英里。你有可能再一次出现在太平洋的中央，或者酷热的莫哈韦沙漠中。因此，假设你在计算时空时也采用了这种精确度，你还是不清楚自己出现的位置。

太阳本身，乃至整个太阳系，以每小时 50 多万英里的速度绕银河系中心运行，每 2.3 亿年绕一圈。所以你也必须考虑到这一点。当然，现在你可以在地球上你进入时光机器的地方着陆了。

还没完。

银河系也在太空中移动。我们和仙女座星系正以每小时 25 万英里的速度，跨越 250 万光年的距离，向对方坠落。所以，除非你能把万物随时间的运动计算在内，换句话说，除非你的时间机器是台时空机器，否则你的时间旅行将是一次时间跳跃，直接通向你的死亡。

在这幅粉丝艺术作品中，
《神秘博士》（ Doctor Who ）系列中的塔迪斯（ TARDIS ）在太空中跳跃

来自深空遥远恒星的辐射和高能粒子与地球周围的大气相互作用，
导致亚原子粒子倾泻而下

子是在地球上空数英里处衰变的，它们怎么可能穿过地球大气层的每一层，与我们在陆地上的探测器相撞呢？答案就是狭义相对论。

回想一下，从地球人的角度来看，我们的宇宙飞船似乎缩小了。但从飞船内宇航员的角度来看，缩小的却是地球。然而，两者又都是正确的。μ 介子在其半英里的寿命中能在数英里的大气层中幸存下来，是因为从 μ 介子的角度来看，狭义相对论将地球的大气层缩小到了不到半英里。这使得 μ 介子能够在衰变之前安全到达地面，延长了它原本短暂的寿命。和时间一样，任何物体的长度——它所跨越的距离，也就是我们所说的大小——都是相对的。这肯定是一种幻觉。一个物体怎么会有两种不同的大小呢？

引用"幻觉"这一概念，意味着存在一个受我们的感官所迷惑的唯一终极真理。但是，我们感官的不可靠性在狭义相对论中没有立足之地。时间和长度是相对的，但这不意味着它们不真实。事实上，相对论告诉我们的恰恰相反：它们不仅是真实的，而且以前所未有的方式真实地存在着。从我们的角度来看，随着 μ 介子在传输过程中花费的时间以及寿命的延长，它本身也在缩小。

总而言之，在地球表面探测到的 μ 介子是我们所掌握的最好的、自然发生的、恒定的、可直接测量的时间膨胀的证据。而且它的变化量与相对论所预测的完全一致。没有其他的解释可以解释为什么这一小点物质能在坠落到地球后幸存下来。

还有一种更精确的方法来测试 μ 介子或任何其他粒子的时间膨胀理论。一旦知道了粒子的精确衰变速度，我们就可以把它送进粒子加速器，比如大型强子对撞机。该粒子在加速器中的寿命将比它在静止时的更长——这又一次完全符合相对论方程。

黑洞

将牛顿的万有引力理论与他关于光是由微粒组成的观点结合起来，现在再加上光速是有限的这一知识。把这些知识融入一个聪明人的头脑中，你就有理由认为，一颗恒星的质量可能足够大，它的引力足以让这些光粒子慢下来，以至于它们无法逃脱。18 世纪末，一位名叫约翰·米歇尔（John Michell）的英国天文学家、牧师和地质学家描述了这种想法。他把这种天体称为暗星。他的思

超空间视角

我们现在可以说，相对于地球时间而言，宇航员和 μ 介子都以接近光速的速度穿越到了未来。事实上，我们每个人都在以每秒一秒、每月一月或每年一年的速度向未来旅行。无论我们是否以光速前进，我们都会以同样的速度进入未来，相对于我们自己，相对于我们自己的心跳。这就是为什么宇航员不会注意到自己的时钟变慢，而地球人也不会注意到自己的时钟变快。两个时钟都是准确的。我们如果把他们的世界线并排画出来，就会发现与地球上的人相比，宇航员在空间轴上的移动比在时间轴上的移动要多。当他们的世界线重新连接起来时，其中一个人将在时间轴上活得更长，年龄也更大。

在发表狭义相对论的早期著作10年后，爱因斯坦将其扩展到引力，将空间和时间统一起来。这项后来被称为广义相对论的工作宣称，正如时间和距离在极端速度下会扭曲一样，它们在极端引力下也会扭曲。爱因斯坦的新方程意味着，现在有两种方式可以让你穿越到未来：以更快的速度移动或体验极强的引力。无论哪种方式，相对于观察者来说，你的时间和距离都会发生扭曲，从而迫使你的个人时钟走得更慢。

广义相对论还引入了一个宇宙，在这个宇宙中，一个具有足够质量的物体可以极大地扭曲空间，以至于没有任何东西能够逃脱。黑洞为思考时间的流动性提供了一个完美的概念乐园，但直到最近，几乎没有人认为自然界会存在这样的物体。

爱因斯坦本人对发现黑洞的怀疑甚至超过了对探测引力波的怀疑。然而，在 LIGO 突破性地发现由两个黑洞碰撞产生的引力波之前的几十年里，人们就已经发现了黑洞。

在极快的速度和极强的引力下，时间和距离都会扭曲

想实验很有先见之明，但他的著作却在近两个世纪的时间里默默无闻。

　　爱因斯坦在描述由物质和能量形成的弯曲宇宙时，复活了后来被称为黑洞的可能性。如果回到橡胶膜和配重球的类比来想象空间结构，我们就会发现，球的质量越大，橡胶膜的扭曲程度就越大，从而形成一个引力井。这种扭曲决定了空间的所有轨迹，包括轨道。

　　现在设想一个比其他所有球都要大的球，大到在橡胶膜上压出一个凹陷。其他掉进这个凹陷的球无法逃脱，除非有巨大的能量来拯救它们。但是，当它们坠落到某一点时，再大的能量也无法将它们从不可避免的坠落中解救出来。这个点被称为事件视界，在这里引力超过了光速。在事件视界的顶点，试图离开的光子将被剥夺所有能量。事件视界中潜藏的深渊，只有敢于冒险进入其中的虚构人物才知道。

直到 1971 年，黑洞还只是一个迷人的概念。方程允许存在黑洞，但还没有任何证据表明存在这种神秘的空间扭曲。要探测到仅由引力构成的东西是很困难的。根据定义，一个孤立的黑洞是无法被探测到的，尽管任何不幸游离得太近的物质都会暴露它的存在。

> 直到1971年，黑洞还只是一个迷人的概念。方程允许存在黑洞，但还没有任何证据表明存在这种神秘的空间扭曲。

约翰·米歇尔怀疑，你可以通过观察围绕它运行的另一颗发光的恒星，探测到它的一颗"暗星"。事实上，一颗蓝色超巨星首先向天体物理学家提供了线索：在大约 6 000 光年之外的天鹅座恒星中潜伏着一个黑洞。天体物理学家发现这颗恒星发出了地球上从未见过的最高 X 射线辐射。但这颗恒星并不是辐射源，在它附近有一颗神秘的伴星。数十年的观测毫无疑问地证实，这颗恒星奇怪的对应物确实是一个黑洞，它正忙于吞噬轨道上的这颗膨胀得有点过头的蓝色超巨星。探测到的 X 射线是旋转中的恒星物质的高能死亡挣扎，当它过热到数百万度时，它会被分裂成原子的成分，形成一个发光的吸积盘，也就是黑洞边缘的发光光晕。这颗垂死的恒星在吞噬它的原子大餐时，揭开了一个原本伪装成虚无的宇宙怪物的面纱。

许多人往往把黑洞想象成宇宙吸尘器。但是，与人们的想象相反，黑洞并不吸入。那颗蓝色超巨星并没有被吸入黑洞；它不断膨胀的外层只是像橡胶膜上的配重球一样，向引力井坠落。黑洞周围的吸积盘只是尚未落入黑洞的物质。

我们现在估计，银河系中至少有 1 亿个黑洞在游荡，它们大多很微小，有些则巨大无比，它们的质量从太阳的几倍到太阳的 400 万倍（银河系中心的巨型黑洞）不等。质量超大的黑洞被称为"超大质量黑洞"。在黑洞的事件视界附近，一秒钟可能相当于数千甚至数百万地球年。在为电影提供建议的配套书《星际穿越中的科学》（*The Science of Interstellar*，2014）中，基普·索恩用一句话简洁地概括了引力的时间膨胀："万物都喜欢生活在老化速度最慢的地方，而引力会把它们拉到那里。"

黑洞吸引并密集压缩周围所有物质的艺术概念图

时间旅行：回到过去

"像我们这样相信物理学的人知道，过去、现在和未来之间的区别只是一种顽固的幻觉。"

——阿尔伯特·爱因斯坦

前往未来的时间旅行很容易。正如我们所看到的，国际空间站上的宇航员

GPS 和国际空间站（ISS）

如果你依靠智能手机应用程序来导航、打车、叫外卖或找对象，那你可要感谢爱因斯坦了。

中地球轨道上的 GPS 卫星必须进行校准，以纠正重力引起的时间膨胀。它们的平均轨道高度为 12 500 英里，不像地球表面的居民那样深入地球引力井。广义相对论规定，他们的时钟比我们的稍快。当地时间和你在地球上的坐标从根本上是连在一起的，所以如果卫星运营商不对重力差异所积累的轻微时间膨胀进行校正，人类和优步（Uber）司机将永远找不到对方，快递将送达错误的地点，谁也猜不到交友软件（Tinder）会给你什么样的配对。

但是等等，狭义相对论的影响又是什么呢？中地球轨道上的所有卫星必须保持每小时 7 000 英里的速度才能保持自由落体状态。那么，它们的时钟不应该比我们的慢，而不是比我们的快吗？是的。但是，当你做数学计算（相对论计算）时，它们在远离地球表面位置的时间加速程度要大于在轨道上快速运行时的减速程度。在这种情况下，广义相对论的影响战胜了狭义相对论。事实上，这是一门火箭科学。

那么生活在低地球轨道上的国际空间站上的宇航员呢？他们以每秒 5 英里的速度移动，每 90 分钟绕地球运行一周。在几百英里高的低地球轨道上，狭义相对论获胜。因此，国际空间站宇航员的衰老速度要比地球上的朋友慢一些。美国国家航空航天局宇航员斯科特·凯利（Scott Kelly）在国际空间站上与俄罗斯同事一起度过了马拉松式的 340 天，这是他的第四次也是最后一次旅行。当他返回地球时，与地球上的所有人相比，包括他的孪生兄弟马克，他在未来旅行了整整 5 毫秒。

就是这样：人类需要在更长的时间里以更快的速度旅行，才能接近狭义相对论中任何有意义的时间膨胀结果。

一直都在这样做。然而，回到过去的时间旅行却需要尖端的数学和近乎不可能的技术。

然而，方程可以做到这一点。

相对于观察者，你的旅行速度越快，你的时钟就会走得越慢。在光速下，你的时钟会静止。如果你的旅行速度超过光速，你的时钟就会倒转。这么想吧：如果你的飞船发出一束光，而飞船行进的速度比光速还快，你和你的飞船就会超越这束光。在光束后面绕圈，你就能看到自己在虚空中飞驰。

想象一下如果我们的旅行速度超过光速，会发生什么有趣的事。不幸的是，爱因斯坦的方程阻止了这一切。但这是否意味着不可能呢？如果不是，我们又该如何进行超光速（FTL）旅行呢？科学家们已经想出了几种极富创意的方法，在不超过宇宙速度极限的情况下击败光速。

超光速方法 1：穿越虫洞

物理学家称之为"爱因斯坦－罗森桥"，但你可能知道它的另一个名字，就是"虫洞"。

如果空间可以弯曲和扭曲，正如爱因斯坦所描述的那样，黑洞和引力波也证明了这一点，那么也许两个遥远点之间的空间可以折叠，从而使这两个点连接起来。

可以这样想象：如果在一张纸两边的两只蚂蚁想见面，你可以看着它们缓慢地爬过这张纸，爬向对方；或者，你也可以随手把纸对折，让它们彼此相邻。同样，如果你能把自己折叠到 100 光年外的星球上，你就能比任何光束快整整一个世纪，前提是光束没有走同样的捷径。通过你的虫洞，你可以将信息或人瞬间置入一个原本无法到达的世界线。

1997 年的电影《超时空接触》（改编自卡尔·萨根 1985 年的小说）为科幻电影中准确的物理描写设立了一个很高的标准。故事讲述了 SETI（搜寻地外文明计划）研究员埃莉·阿罗维试图破译外星信息，最终导致她穿越虫洞，在遥远的星球上与先进的外星物种会面。萨根向当时已是相对论物理学权威之一的基普·索恩请教了如何在眨眼之间将埃莉从一个遥远的星系传送到另一个星系的最佳方法。萨根和索恩渴望讲述一个惊心动魄而又准确无误的故事，于是他们向世界提出了前所未有的新想法，这些想法与爱因斯坦的宇宙观相吻合。

早在萨根求助于索恩之前，其他理论家就已经在思考虫洞问题了。美籍以色列裔物理学家内森·罗森（Nathan Rosen）在普林斯顿高等研究院协助阿尔伯特·爱因斯坦工作时，帮助预测了虫洞的可能性。他们于1935年共同发表了一篇关于这一想法的论文，"爱因斯坦 – 罗森桥"由此得名。20年后，另一位美国物理学家约翰·惠勒在一篇著名的论文中创造了"虫洞"一词，这篇论文也证明了虫洞是一个悖论。他意识到，任何试图穿越两个相连开口之间的点的行为，都会引发其立即坍塌。因此，虫洞从根本上说是不稳定的，而且是致命的。

在宇宙学的前沿出现了非同寻常的疑问和难题。其中之一可能是，"无限先进的文明可能会用哪种奇异物质堵塞虫洞？"

索恩从惠勒和他自己的研究中得知，虫洞会迅速自我封闭，以至于没有一个光子能够通过——至少不能完好无损地通过。为了让虫洞保持足够长的开放时间，好让阿罗维博士能够安全穿越，从而避免故事戛然而止，先进文明必须挫败虫洞崩溃的冲动。他们需要使用某种具有排斥性负能量的物质。基普·索恩称其为"奇异物质"，因为还没有人观察到任何具有这种特性的物质。

请注意，索恩并没有将其命名为"不可能物质"或"想象物质"。在所有领域中，最优秀的理论家、哲学家与思想家都知道要为前所未有的和不太可能发生的事情敞开一扇门。10年后，宇宙学证实了暗能量的存在，这是一种具有负引力的无形物质：正好具有约翰·惠勒和基普·索恩提出的排斥特性。

量子物理学为打开虫洞所需的奇异物质提供了各种迷人的候选物质。让我们假设先进的外星人利用了这种物质，并在我们的后院建立了一个虫洞。（顺便说一句，这是《星际穿越》的一个前提。索恩用一种相当牵强的方法，假设了如何建造一台虫洞时间旅行机器。）

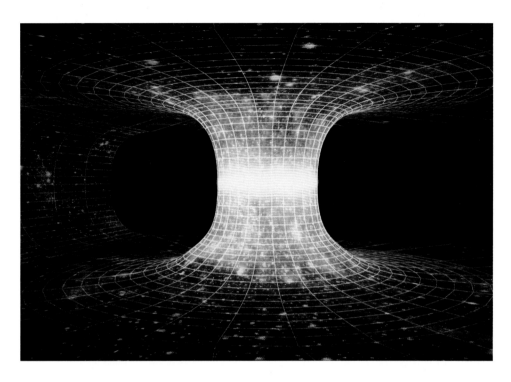

虫洞就像一个内外翻转的宇宙迪斯科球，为星际派对带来了各种可能性

　　把虫洞想象成连接两点的弹簧玩具（Slinky）。如果这个弹簧玩具很长且有很强的伸缩性，那么它的一端（一个开口）相对于另一端可能会发生时间膨胀。假设一位宇航员朋友请求居住在地球上的你守护超伸缩弹簧虫洞的一个开口，而她带着另一个开口以接近光速的速度在太空中旅行。如果她在自己经历过的一年后回来，她会遇到老了 10 岁的你和过了 10 年的虫洞开口。而你的朋友和她所在的虫洞那一端只老了 1 岁。

　　现在，你如果穿过虫洞的尽头，就会遇到年轻的自己，耐心地等待着朋友的归来。年轻的你看着 10 年后的自己突然出现，这个年轻的你可以穿过同一个虫洞口到达 10 年后的未来。如果你让虫洞入口一直处于打开状态，那么人类未来的任

> 虫洞有可能存在吗？当今虫洞科学的领军人物基普·索恩认为答案是：也许不太可能……作为一名理论家，索恩再次将宇宙可能性的大门微微敞开。

何一代现在都可以通过它进入虫洞产生的那一刻。如果我们保持每年形成一个新虫洞的传统，未来的人类就将有机会使用一种时空电梯，随心所欲地进入任何一年——前提是利用奇异物质使所有虫洞保持开放。

在所有这些限制条件下，虫洞有可能存在吗？当今虫洞科学的领军人物基普·索恩认为答案是：也许不太可能。但在2019年于卡迪夫大学举行的一次演讲中，他告诉听众："当我的猜测超越了知识的边界时，我曾多次被证明是错的——有时甚至是大错特错。所以，不要把我的言论看得太重。"作为一名理论家，索恩再次将宇宙可能性的大门微微敞开。

超光速方法2：启动曲速引擎

20世纪60年代末的《星际迷航》系列普及了名为"曲速引擎"的科幻装置，这种装置使星际飞船能够在宇宙中探索、交友，甚至攻击外星人。20世纪80年代，《星球大战》引入了超空间引擎，同样实现了超光速旅行。这些有趣的情节设置采用虚构的术语和虚构的燃料来描述奇幻的技术。

直到墨西哥理论物理学家米格尔·阿尔库维雷（Miguel Alcubierre）在1994年发表了论文《曲速引擎：广义相对论中的超快速旅行》，"曲速"才被科幻作家们严格地确定下来。在这篇论文中，他提出了一种在狭义相对论和广义相对论下完全可行的方法，尽管过程令人费解。和基普·索恩一样，阿尔库维雷也利用了奇异物质——在阿尔库维雷的例子中，飞船后面的空间会膨胀，而前面的空间会收缩。

我们知道，相对论禁止物质在时空结构中以比光速更快的速度运动。但它并不禁止时空本身以它所希望的任何速度伸展。阿尔库维雷引擎会在飞船周围产生一个局部时空的气泡，这个气泡可以以任何速度穿越环绕空间。就像星系会随着周围空间的膨胀而膨胀一样，宇宙飞船及其船员根本不需要移动，因为封装的气泡会像波浪上的冲浪者一样带着飞船前进。只要有足够多的奇异物质，

宇宙难题
宇宙常数

20 世纪末，爱因斯坦的宇宙常数继续引发人们的质疑。其中最突出的问题是：即使宇宙在膨胀——正如我们清楚地观测到的那样——引力是否会像爱因斯坦所担心的那样把一切都拉回到一起？

1998 年，两个独立的天体物理学家小组通过哈勃空间望远镜观测遥远的超新星时发现，如果宇宙膨胀确实在放缓，那么这些爆炸看起来要比它们应有的微弱得多。事实上，他们的分析证明了相反的情况：宇宙膨胀实际上在加速，这一发现为他们赢得了 2011 年诺贝尔物理学奖。唯一的解释，也是迄今为止最好的解释是，存在一种神秘的反引力实体，大约占宇宙的68%，它超越了所有物质向内的引力。

今天，我们把这种实体称为暗能量。我们不知道它是什么，也不知道它从哪里来，但我们知道它存在——正忙忙碌碌地塑造着空间和时间的结构。与其说暗能量是爱因斯坦式的门挡，轻轻地将宇宙撑开，防止宇宙坍塌，不如说它更像一阵强风，以可怕的速度将宇宙越吹越大。无论如何，爱因斯坦可怕的宇宙常数被证明是真实存在的，这意味着将引入宇宙常数称为他最大的失误是一个巨大的错误。换句话说，即使爱因斯坦错了，他也是对的。

这种膨胀的长期后果是时空变薄，直到连宇宙微波背景都被稀释到几乎为零。一旦构成宇宙的原子不再碰撞，宇宙就将陷入冰冷、黑暗的寂静。

并由曲速引擎提供动力，空间就能在任何飞船的前方收缩，在飞船的后方伸展，飞船以不可能达到的速度穿越太空，而不会违反任何物理定律。

仅仅因为某件事可行或者符合已知的物理定律，并不意味着它具有现实的可能性。阿尔库维雷最初的提议所需的能量超过了可观测宇宙中所有质量所能获得的能量。最近的研究已经将需求降低到了更合理的负能量数量，尽管仍然不太可能。这种能量尚有待观察，更不用说利用了。

从理论上讲，阿尔库维雷引擎可以收缩航天器前方的空间并扩大其后方的空间，从而使航天器在不违反任何物理定律的情况下实现超光速飞行

超光速方法3：部署快子

物理学家杰拉尔德·范伯格在1967年发表的论文《超光速粒子的可能性》中提出了"快子"（tachyon，又称"超光速粒子"）一词，该词源自希腊语的tachys（"快速"）。范伯格在爱因斯坦的方程中发现了一个漏洞，这个漏洞可以让粒子以光速飞行，只要它永远如此。他把这种粒子命名为"快子"，与我们日常生活中常见的比光速慢的粒子相对应，后者被羞怯地称为"慢子"（tardyon，又称"亚光速粒子"）。

严格来说，狭义相对论禁止粒子加速到超过光速。范伯格提出，这些定律不必适用于任何以超光速诞生并永远以超光速运行的粒子。是的，快子也必须遵守速度限制——慢速度限制。只要它的速度永远不慢于光速，即从快到慢跨越光速的界限，那么任何方程都无法阻止它以更快的速度前进。

在允许快子存在的世界里，因果关系悄然消失。一个超光速信息应用程序会在发件人发送短信之前将短信送达。想象一下，你的超光速手机上会突然弹出这样一条短信："小心香蕉皮！"当你低头一看，果然在你的靴子和地板之间压着一块香蕉皮。这条短信来自大厅里的朋友，就在刚才，他目睹了你滑倒的一幕。

打破和修复因果关系

要把一条信息、一个人或一个光子以超过光速的速度传送到任何地方，都需要一个难以想象的先进文明的帮助，或者需要难以想象的大量奇异物质的储存，或者两者兼而有之。但是，在真正难以克服的因果关系挑战面前，这些技术障碍只是小插曲。

有了比光速更快的信息装置，就可能出现以下情况：你驾驶着一艘宇宙飞船，以光速的99%的速度飞离地球，这时你收到了一条来自冥王星上的超光速

这种假想的粒子叫作快子，它的运动速度超过光速，而且是向后运动的

发射器的超光速短信。短信内容是"死亡之星刚刚毁灭了地球"。

然而，在你的世界线上，地球还没有被击中。你可以打开虫洞制造机，输入死亡之星的坐标，在千钧一发之际拯救人类。

但是等一下，如果你拯救了人类，那么是谁知道要发送那条信息呢？而且，在发送之前，你就已经收到了。超光速信息打破了因果原则。

这就是我们所说的悖论。在物理学中，悖论不会也不可能发生。让我们绘制几条世界线，来理解为什么这条信息会在地球爆炸前到达。

二维世界线图上的时间轴（y）是垂直的，左右空间轴（x）是水平的。三维世界线图会有第三条空间轴（z），从这本书的背面向前延伸，穿过你的身体。但由于这条轴的功能与我们的 x 空间轴没有什么不同，我们暂时忽略它。如果我们保持静止，我们不会沿空间轴向任何一个方向移动，而只是以每秒一秒的速度沿时间轴垂直向上直线移动（朝向未来）。我们可以画出不动的地球和不动的冥王星（相对于彼此）的情况。

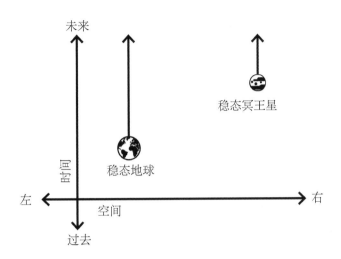

那么相反的情况呢？如果一个物体沿着空间轴在一条完全水平的直线上移动，而完全没有沿着时间轴移动，那就意味着这个物体在进行远距传物——也许是通过虫洞。

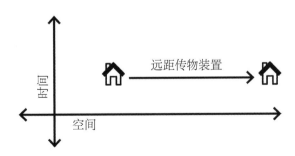

好莱坞科学

来自超空间的视角

　　如果没有进入超空间的标志性画面,《星球大战》电影将是不完整的。"系好安全带,我要跳跃到光速了!"汉·索洛在打开超空间引擎之前,向"千年隼号"上的战友们发出警告道。刹那间,"千年隼号"前方视野中的每一颗恒星都以白色和蓝色的光带向镜头飞去。这就是《星球大战》中令人惊叹的超光速旅行的典型景象。精确的曲速引擎显示可能同样令人惊叹,但截然不同。

　　当你的飞船上科学准确的曲速引擎接近光速时,恒星辐射的波长会因为多普勒效应而急剧收缩,星光会转变为蓝色,然后是紫色,接着是不可见的紫外线,然后是其他不可见且越来越有害的频率。如果你的星际飞船设计得如此糟糕,甚至有一个巨大的玻璃视窗,你一定会想把它关上,以保护自己和船员免受迎面而来的 X 射线和伽马射线的伤害。

　　但是,如果你真的敢从前方的窗户往外看一眼,太空将不会显得黑暗。因为我们现在已经知道,宇宙微波背景渗透了整个时空。我们的肉眼看不见的长而冷的波长也会发生变化——大大缩短,以至于接近可见光谱。到那时,整个天空都会发出蓝色的光芒,充满了宇宙大爆炸的第一束光。

右图:《星球大战 4: 新希望》(1977)

除了科幻电影或假设的思想实验之外，我们所知的宇宙中的所有物体都只能以光速或更慢的速度在左右空间轴上移动。一个物体的世界线不是一条水平线（远距传物），而是在时间轴上方45度角向各个方向绘制的。这就是我们的光锥，我们未来或现在的任何事物都在这个光锥的可能性范围内。我们还可以在物体下方画一个45度角，代表物体过去可能发生的所有事件。

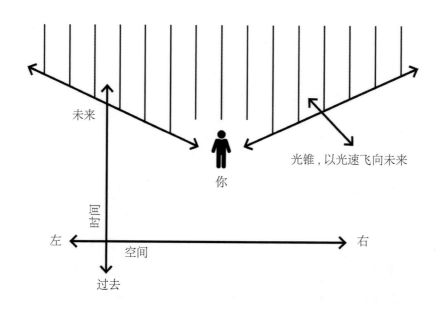

现在让我们回到我们的快子场景。这里就变得棘手了。超光速传输不仅能从空间轴上的一点瞬移到另一点，还能超越光锥的限制。换句话说，它可以到达另一个光锥内，而信息本身尚未发送。当地球爆炸时，以光速传播的辐射最终会进入冥王星的光锥。然后，冥王星上的信号源会向你的飞船发射一条相对于地球和冥王星都在移动的超光速短信。在你的世界线上，早在爆炸的光线到达你的飞船之前，你就收到了这条信息。但更奇怪的是，在冥王星发出信息之前，你就已经收到了。事实上，在爆炸发生之前，你就收到了信息。你的飞船相对于地球、冥王星和爆炸的世界线是不一样的。你们的可能性光锥是不同的。所以，我们要再问一次：如果超光速短信是在人们想到并打出来之前到达的，那

量子虫洞汤

　　大多数物理学家认为，我们不太可能偶然发现自然形成的虫洞。虫洞与黑洞不同，黑洞在我们的银河系中游荡着数十亿个，而虫洞不可能独立存在——至少大型虫洞不可能。

　　回想一下，即使在太空中最黑暗、最空旷的角落，虚粒子也能突然出现或消失。这些自发的、不可预测的能量波动是我们无法确定任何地方是否都真的空无一物的主要原因。约翰·惠勒，这位创造了"虫洞"一词的物理学家，还为可能支撑和渗透空间的自发扰动创造了一个名字：量子泡沫。

　　惠勒提出，在普朗克尺度下，在我们居住的看似简单、可预测的宏观宇宙中，存在着由虚粒子、虫洞和其他时空扭曲现象组成的剧烈翻滚的汤。普朗克尺度是我们已知的最微小的测量尺度，它如此之小，以至于描述性的语言和类比都失效了。为了理解它的微小程度，我们可以借用美国物理学家布赖恩·格林的比喻：如果把一个原子放大到整个宇宙的大小，那么普朗克尺度就相当于地球上一棵普通树木的大小。惠勒在他的回忆录《地球体、黑洞和量子泡沫》中提出："波动会如此之大，以至于实际上没有左右，没有前后。普通的长度概念会消失。普通的时间概念也会消失。"

么它是谁发出的呢？

　　这就是无法克服的因果悖论，也被称为"外祖父悖论"。如果你能穿越到过去，阻止你的外祖父母相遇，他们就不可能生下你的母亲，而你的母亲也不可能生下你。如果你没有出生，你就不可能穿越到过去。如果曾经发生的一切都已经发生，那么我们就无法改变过去。

斯蒂芬·霍金诙谐地提出，有必要建立一个时序保护机构，为历史学家保护宇宙的安全。事实上，很多时间旅行故事采用了监管时间旅行者以防止出现悖论的概念。在漫威漫画和漫威电影宇宙中，"时间变异管理局"（Time Variance Authority）负责监管神圣时间线。网飞（Netflix）电视剧集《伞学院》（*The Umbrella Academy*）中有一个"临时委员会"，负责时间保护和监督。当然，在《神秘博士》系列电视剧中，由时间领主们管理他们宇宙中所有"摇摆不定的时间"。

因果关系似乎是宇宙的主宰，在充满泡沫的量子泡泡浴中统治着整个时空。如果有什么东西能够打破因果关系，那么我们对宇宙的一切理解都会随之破灭。对于超光速旅行和时间旅行进入过去所产生的因果悖论，没有简单的解决方法。

不过，有一种世界线怪论似乎与所有已知的物理定律完全一致，但回避了棘手的因果关系问题——因果循环或自举悖论。因果循环并不需要一个时序保护机构来保护我们的时间线不被时间回溯破坏，因为因果循环的时间线需要我们回到过去以塑造事件。

回想一下香蕉皮和超光速短信的例子。你走在大厅里，突然收到一条短信："小心香蕉皮！"你吓了一跳，停下了脚步。如果你继续正常迈步，你的左脚就会越过湿滑的香蕉皮。但现在，你的左脚正好踩在香蕉皮上，你滑倒了。那个朋友发信息试图把你从命运中拯救出来，却让你的跌倒不可避免，这是一个自我实现的预言。在因果循环中，你可能试图改变自己的时间线，但无论你做什么，都不可能成功。未来已定，而且是你自己塑造的。

2002年的电影版《时间机器》部分改编自 H. G. 威尔斯的小说，由威尔斯的曾孙执导，影片引用了自举悖论，效果令人心碎。在未婚妻惨死后，主人公发明了一台时光机，想回到过去救她一命。他不可避免地、毁灭性地失败了。他回到过去，想迫使自己得到一个新的结果——但他的未婚妻再一次被杀。失败后，他意识到她无法获救，如果她能获救，他就不会发明时间机器来拯救她。他们的未来是由之前的事件铸就的。

宇宙难题
一个人的派对

2009年6月28日，现代史上最为人熟知的科学家之一斯蒂芬·霍金举办了一场奢华的派对。他在电视和互联网上宣布了这一活动，邀请世界上的每一个人参加。他向世界各地发出了邀请函，写明了这场盛大活动的确切日期、时间和GPS坐标。然而，没有一个人出现。

这样一场盛大的活动怎么会弄巧成拙的呢？原来，霍金故意在活动结束后才发出邀请。这是一场时间旅行者的派对，有气球、香槟和欢迎标语。

霍金的"一个人的派对"回答了他自己的著名难题：如果我们可以穿越时空回到过去，那么所有的时间旅行者都在哪里呢？如果有人发明了时间机器，可以把他们带到过去的某个特定时间和地点，肯定会有人来到那个派对，和伟大的霍金一起品尝香槟。

如果你有阴谋论的倾向，你可能会想：时间旅行者是否会对他们的所有旅程保密呢？也许他们会避免见到过去的任何人或接触过去的任何事物。也许有一个"临时委员会"禁止参加霍金的活动，或者"时间变异管理局"剪除了存在的任何变体。也许时间旅行者一直都躲在幕后。

这不太可能。人类历史反复告诉我们的一点是，我们不善于保守秘密。科学家可能是最不擅长保密的。本杰明·富兰克林曾在《穷理查年鉴》(*Poor Richard's Almanack*)中写道："三个人可以保守秘密，只要其中两个人死了。"

另一个解决因果关系问题的漏洞——类似于自举悖论——由精灵粒子（jinnee particle）产生。俄罗斯物理学家伊戈尔·诺维科夫（Igor Novikov）和他的同事洛舍夫提出，精灵粒子的世界线或存在是一个封闭的环。它在时空中没有起点，也没有终点。精灵粒子因伊斯兰神话中通过魔法出现、消失和蜕变的强大生命而得名 [人们更熟悉的 genie（"精灵"）一词即来源于此]，它可以是一个物体、一个人，甚至是一条信息。

　　想象自己回到了 1804 年维也纳的鹅卵石街道。你一边漫步一边哼着最喜欢的音乐——贝多芬的《第五交响曲》。你不知道的是，这位伟大的作曲家虽然被

在西蒙·威尔斯 2002 年执导的电影《时间机器》中的标志性时间机器

日益严重的耳聋所困扰，但他正在附近散步，无意中听到了你的哼唱。他被这些有力的音符打动，回家写下了历史上最著名的交响乐主题之一。如果他没有写下这些音符，你就不可能哼出它们。如果你没有哼出这些音符，他也不会写出这些音符。在这个例子中，《第五交响曲》是一个没有明确起源的精灵。它过去一直是，将来也会是，被困在自己时间线的循环中。

许许多多个世界

奥卡姆剃刀这一哲学概念告诉我们，最简洁的解决方案几乎总是正确的解决方案。对于我们的因果关系问题，最简洁的解决方案就是时间旅行根本不可能——物理定律禁止时间旅行。另一个简洁的解决方案是，时间回溯的确是可能的，但必须在一个时序保护机构的监督下进行，该机构会不遗余力地防止对预先设定的时间线进行任何改动。但是，时间旅行爱好者们，不要绝望。宇宙学家们都很顽强，尤其是在发现爱因斯坦方程中的漏洞时，这可能会成为一个很好的故事。

另一种摆脱因果关系的方法是量子泡沫：粒子量子波动的泡沫汤，甚至可能是虫洞，在普朗克尺度上蓬勃发展。在海森伯不确定性原理统治的量子世界里，万物既是波，也是粒子。波粒子存在于一种概率状态中，所有选项总是摆在桌面上。但是，在你测量它的那一刻，在你确定它在哪里的那一刻，波粒子就会在一个单一的位置凝固成粒子，形成一种单一的可能性。物理学家现在所说的"多世界诠释"（many-worlds interpretation，MWI）提出了一个问题：如果所有这些量子可能性都和测量到的单一可能性一样真实呢？如果所有选项都是可用的、真实的，这种多重性就会表现为许多宇宙。

我们现在知道，光子既是艾萨克·牛顿假设的粒子，也是克里斯蒂安·惠更斯假设的波。他们都是对的。在宏观尺度上，我们无法看到这种波粒二象性，即波粒子性，但在亚原子尺度上，我们可以测试和观察到它。托马斯·杨著名的

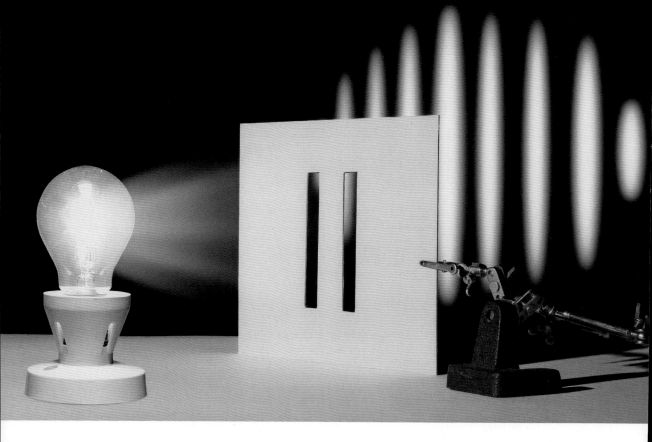

在著名的双缝实验中，光源射向一个包含两个窄缝的平板，
并在平板后面的屏幕上产生图像，证明光子既是波又是粒子

物理学双缝实验可以追溯到1801年，该实验显示了当我们在尽可能小的尺度上观察物理世界时，它的行为是多么怪异——而当我们根本不观察它时，情况更是如此。

> **我们现在知道，光子既是艾萨克·牛顿假设的粒子，也是克里斯蒂安·惠更斯假设的波。他们都是对的。**

比方说，你有一把特殊的枪，它可以将单个光子发射出去，一次一个，射向一面有两个非常窄的狭缝的屏障。狭缝足够小，允许每个光子进入一个狭缝或两个狭缝都不进入，但不能同时进入两个狭缝。每次你开枪时，光子都会如你所愿地选择一个狭缝或者两个都不选择。

将同样的实验重复多次，最终你的数据会坚定地指向每个狭缝都将迎来一半的光子。如果每个光子都留下印记，表明它们落在了哪里，你就可以在狭缝屏障后面找到两条整齐的印记线，每个狭缝后面都有一条。如果遮住一个狭缝，你就会观察到一条整齐的光子线。这一切都非常正常。它体现了任何粒子的理性行为。如果向类似的屏障发射小彩弹而不是光子，你也会看到同样的结果：在每个彩弹落地的有缺口的屏障后面都会出现两条整齐的线。

但奇怪就奇怪在这里。假设你去附近的墨西哥玉米卷摊位吃午饭，让实验自动进行。你将实验枪设置为每次向屏障持续发射一个光子。当你回来时，你希望在屏障后面的墙上看到两条整齐的线条，就像以前一样。然而，你看到的却是一个尚未解决的宇宙难题。

你曾经看到的是两条整齐的线条，而现在你看到的是许多条。装饰后墙的线条图案与你可能看到在湖面上的两个波纹交汇处的图案是一样的。这种图案暗示着，当你在外面狼吞虎咽地吃玉米卷时，两个以波状模式运动的光子，会一次又一次地相互碰撞。是你的光子枪出了故障，同时射出了两个光子吗？

不是。事情是这样的：在你不注意的时候，单个光子同时选择了两个狭缝，并干扰了自己。光子的行为不再像粒子那样遵循可预测的模式，而是像波一样。但这还不是全部。光子不仅同时选择了两个狭缝，还同时选择了所有选项。它通过了左狭缝，通过了右狭缝，而没有通过任何一个狭缝。

这不是一个思想实验。在过去的一个世纪里，严谨的科学家们进行了无数次双缝实验。每一次的结果都表明，正是观测这一行为本身导致光子表现得像粒子一样，并在狭缝之间做出选择。当我们移开视线或离开现场时，它们又会化成波，在所有选项中做出选择。一旦波粒子被观测或测量到，它们就会以粒子的形式存在，在时空中只有一个位置——观测迫使光子只能选择一个选项或现实。这又是一个幽灵量子现象的例子。

美国物理学家休·埃弗里特三世（Hugh Everett III）是约翰·惠勒的博士生，他写了一篇令人费解的论文，对双缝实验所证明的结果提出了新的解释。他的想法一开始遭到了彻底的嘲笑和否定，直到他生命的最后几年才被认真考虑。

希特勒谋杀悖论

在1984年的电影《终结者》中，阿诺德·施瓦辛格饰演了一个穿越时空的人工智能杀人机器人，其使命只有一个：杀死毫无防备的女主角萨拉·康纳。终结者从世界末日后的未来穿越回来，被一个名为"天网"的邪恶人工智能组织所控制，该组织试图消灭人类。面对以约翰·康纳为首的人类反抗军，人工智能霸主试图在约翰·康纳出生前杀死他的母亲萨拉，阻止他的出生。

启动"外祖父悖论"会释放"天网"，将人类灭绝。在终结者执行任务的过程中，血腥的打斗和残忍的死亡使剧情更加跌宕起伏。但是，如果人工智能对人类的生理机能有所了解，它们就会知道，只要推迟受孕时间，就可以节省大量的时间、精力和子弹。如果萨拉·康纳晚几个小时或早几个小时怀上她的孩子，几乎可以肯定的是，会有不同的精子使卵子受精，那么带领人类参加战斗的约翰将永远不会存在。其他人可能会，但约翰不会。

如果可以通过穿越时空来拯救世界，使其免遭不堪言状的暴行，我们中的许多人会选择回到过去杀死阿道夫·希特勒，防止他引发恐怖事件。这个主题作为一种情节设置经常出现，已经成为公众讨论的话题——"希特勒时间旅行豁免法"或"希特勒谋杀悖论"。

但如果我们只是杀了希特勒，怎么能保证暗杀之后发生的事件不会比已经发生的更糟呢？"福克斯利行动"（Operation Foxley）是英国特别行动处精心制订的一项暗杀计划，但正是由于这个原因，该计划遭到了一些内部人员的反对。到1944年，当"福克斯利行动"中的一个或另一个方案即将实施时，希特勒的战时失误似乎比那些可能会取代他的狡猾将领们的战略更可取些。

1998年，在战争结束半个世纪后，英国政府公布了有关"福克斯利行动"的秘密文件。有了这些详细的计划，时间旅行者可以轻而易举地回到过去执行任务。然而，读到这些文字的人都知道，还没有人这样做过。

不过，也许还有另一种不那么暴力的方式可以确保希特勒永远不会掌权。到1908年，年轻的希特勒已经两次被维也纳美术学院拒之门外，因为他的作品被认为不够格。时间旅行者也许更明智的做法是回到过去，把那封拒绝信改成录取通知书。也许，在艺术上取得成功的希特勒永远不会有时间去实现他的政治野心，而这野心会使世界陷入黑暗和战争。也许这位艺术家会陶醉于创造而非毁灭。或许，他真正需要的只是一个拥抱。

漫威限定剧《洛基》(第一季第六集)中的神圣时间线

埃弗里特提出,所有未测量的波粒子概率与测量结果一样真实。在每个量子粒子做出选择的每一瞬间,宇宙都会分离出一个独立的平行宇宙,在这个平行宇宙中,未被选择的选项被选中。他大胆地提出,对于粒子同时选择所有选项(它的叠加态)的趋势,最简单的解释是,无论我们是否测量它,它在任何时候都会同时选择所有选项。

观察者看到光子选择了一个狭缝,而另一个同时存在的观察者看到光子选择了另一个狭缝,但两个观察者并非处于同一个宇宙,也不是同一个人。埃弗里特的"多世界"解释所蕴含的意义,提出了一个比日心说、宇宙膨胀,甚至可能发现外星智慧生物等更令人谦卑、更令人震惊的世界观。埃弗里特提出,我们的宇宙不是唯一的宇宙,它只是无数宇宙中的一个。我们的星球只是无数个地球中的一个,而你是无数个实验者中的一个。

每当量子物理学家观察到一个光子进入右侧狭缝时,至少会有另外两个宇宙从它们自身分离出来:一个是光子进入左侧狭缝的宇宙,另一个是光子同时选

　　　　　　　宇宙发现之旅

一幅关于光子发射的艺术家构想图

择两个狭缝的宇宙。如果宇宙中的每一个粒子都有这样的行为，那么，根据多世界假说，在每一个流逝的微观时刻，都会出现数量多得难以理解的世界。一切可能发生的事情都会发生。但我们只知道，也永远只能知道一种结果。

这一观点不应与多重宇宙理论相混淆，多重宇宙理论预测，除其他观点外，我们的整个宇宙是其他无限宇宙气泡中的一个气泡，它们都共存于时空中；我们可以梦想有一天打开一个虫洞，通往多重宇宙中的一个。相比之下，对宇宙的多世界诠释则认为，我们永远不可能与任何一个平行世界互动。问题不是它们是否存在于我们的望远镜所及的范围之外。而是它们存在于构成我们宇宙的一切之外。

因此，如果多世界诠释成立，回溯的时间旅行者就不可能违反因果关系，因为另一个因果关系得以保留的世界会自动分离出来。多世界的解决方案可能并不简单，但它是对量子尺度上怪异现象的最简单解释。

关于自由意志

请想一想：你以超光速回到出发前的时刻，无论是通过虫洞还是通过曲速引擎。为了验证"多世界"假设，你决定在自己的飞船离开之前发射等离子枪，炸毁飞船。如果这个假设成立，你就能胜过因果悖论。当你穿越时空回到过去的那一刻，你的宇宙已经分离出另一个完全不同的宇宙。你跳回过去，炸毁了一艘飞船，但它从来就不是你的飞船。你正在书写一条新的时间线。

根据这一假设，逆向时间旅行者也是平行宇宙旅行者。每一个会改变一个宇宙中已经建立的时间线的行为，都会在另一个宇宙中发生，从而保留了之前的时间线。原本会回到过去的"你"从原本会被破坏的时间线中消失了。

但未来的"你"在过去留下的"你"呢？那个过去的"你"不是仍然会选择以光速回到过去，炸毁自己的飞船，再次造成宇宙分裂吗？换句话说，即使原来的宇宙在因果关系被破坏的那一刻发生了分裂，那个宇宙中也没有发生任何变化来阻止原来的结果。每一个神经元的发射，每一个思想、记忆和感觉，最终导致了你的决定，而最终的决定仍然是相同的。

这个决定是由之前的所有事件预先决定的吗，包括你的基因构成、你的童年创伤和你的意识？

现在我们面对的是一个核心问题：自由意志。自由意志是所有科学和哲学的核心。我们的未来是否已经由过去的事件写就？是宇宙大爆炸引发了一系列不可避免的事件，还是我们可以改变我们的时间线？

即使是时间旅行者在自己的时间线上进行的最微妙的移动，也可能产生一个全新的现实。统计学家称这种现象为"蝴蝶效应"，而研究混沌理论的科学家也知道，永远不要低估一个看似无害的事件所引发的连环事件的规模。

想象一下，在开始太空探险之前的许多年，你打算在那里测试多世界假设。就像一个小角在越来越远的距离上越开越大一样，在你久远过去发生的任何微小变化都可能极大地改变你的未来。也许一只可爱的流浪小狗出现在你过去的道路上，所以你没有像那天早上计划的那样去书店，而是改变了路线，把小狗带回了家。

如果没有遇到这只小狗，你会一直走到书店，在那里你会遇到一个新的好朋友，她会激发你对诗歌的兴趣。就这样，因为你们没有相遇，你们也没有去参加诗歌比赛，而在那次比赛中，又出现了另一个关键时刻。

时间线不断变化，以至于你从未冒险进入太空，因此你也从未穿越时空回到过去，与你路上的小狗相遇。你是一个完全不同的人，充满了不同的记忆，被不同的恐惧所侵袭，被不同的希望所点燃，所有这些都通过你大脑中不同的神经元传递到你的意识中。

征途仍在继续

这是一段多么漫长的旅程啊！人类对太空的探索永无止境。

"我们要去的地方，不需要道路。"——埃米特·布朗博士，《回到未来》（1985）

　　我们远离了地球，也远离了我们以自我为中心的宇宙观。我们逐渐了解了大气层的性质。这层独特的气体为我们提供了缓冲和保护，让生命在这个星球上繁衍生息。我们先是站在地球上，手持望远镜瞥见了我们的太阳、我们的月球和我们邻近的行星，然后把宇宙飞船送入太空，飞出我们的小躯壳，每一代人都在越来越远的地方揭开了越来越多的神秘面纱。

　　我们从计算太阳系中的行星发展到计算元宇宙中的宇宙，从质疑月球和太阳是否围绕我们的世界运行发展到质疑时空连续体中的因果关系。

　　我们还能有多少困惑？还有多少东西需要观察、概念化和理解？宇宙还会教给我们什么？在好奇心的边缘，在发现与神秘交汇的地方，我们会遇到数十年前无法想象的永无止境的难题。这是对无边无际的空间和无穷无尽的时间进行探索的令人兴奋的结果。

科学思维总是为看似不可能的事情敞开大门。因此，我们宣布，在通往等待我们的无限目的地的道路上，无限只是片刻的停顿。这可能有一点夸大其词。但据我们所知，我们的宇宙之旅才刚刚开始。

詹姆斯·韦伯空间望远镜的近红外相机捕捉到了这张令人惊叹的
"蜘蛛星云"（Tarantula Nebula）恒星形成区域的马赛克图像，
该区域直径大约为 340 光年

致谢

我们感谢阿维斯·朗（Avis Lang）对我们早期的手稿进行了不懈而果断的编辑，再次确保我们言之有物、言之有理。

我们还要感谢美国《国家地理》杂志的执行编辑希拉里·布莱克（Hilary Black）和资深编辑苏珊·泰勒·希契科克（Susan Tyler Hitchcock），他们的创造性直觉和编辑智慧为我们的宇宙奥德赛提供了路标，这就是这本书的由来。

美国《国家地理》杂志出版和设计团队的其他成员也尽心尽力，将一页页文字变成了一场场视觉盛宴。他们包括编辑项目经理阿什利·利思（Ashley Leath）、创意总监埃莉莎·吉布森（Elisa Gibson）、设计师妮科尔·罗伯茨（Nicole Roberts）、图片总监阿德里安·科克利（Adrian Coakley）、图片编辑凯蒂·丹斯（Katie Dance）和制作编辑迈克尔·奥康纳（Michael O'Connor）。

最后，我们要感谢我们的朋友兼同事扬娜·莱文（Janna Levin）向我们提供了她作为宇宙学家、杰出作家与传播者的知识和建议。

琳赛·尼克斯·沃克还想感谢阿德里安·索尔加德（Adrian Solgaard），感谢他在她所经历的焦虑和喜悦中给予的坚定支持；感谢海伦·马索斯（Helen Matsos）的指导和友谊，一位如此睿智的导师；感谢拉尔夫·恩格尔曼（Ralph Engelman）教授、柯蒂斯·斯蒂芬（Curtis Stephen）教授和唐纳德·伯德（Donald Bird）教授，是他们激发并鼓励了她对发现和传播真理的无尽追求。最后是休·安·沃克（Sue Ann Walker）和华莱士·沃克（Wallace Walker），感谢他们的一切，感谢他们传递给她对文字和探索的热爱。

推荐阅读

这本书的部分内容源于尼尔发表在《自然历史》（*Natural History*）杂志上的三篇文章，放入本书前做了大量修改：

Tyson, Neil deGrasse. "The Coriolis Force." Natural History, March 1995.

———. "Tides and Time." Natural History, November 1995.

———. "Shocking Truths: If You Break the Sound Barrier, You Can Make Quite a Stir." Natural History, September 2006.

第一章　离开地球

Galilei, Galileo. Sidereus nuncius. 1610.

———. Dialogus de systemate mundi. 1641.

Glaisher, James. Travels in the Air. R. Bentley, 1871.

Newton, Isaac. Philosophiae naturalis principia mathematica. 1687.

Tyson, Neil deGrasse, and Avis Lang. Accessory to War: The Unspoken Alliance Between Astrophysics and the Military. W. W. Norton & Co., 2018.

Weir, Andy, The Martian. Random House Publishing Group, 2016.

第二章　游览太阳的"后院"

Gates, Jr., S. James, and Cathie Pelletier. Proving Einstein Right: The Daring Expeditions That Changed How We Look at the Universe. PublicAffairs, illus. ed.,

2019.

Hamacher, Duane. *The First Astronomers: How Indigenous Elders Read the Stars*. Allen and Unwin, 2022.

Kepler, Johannes. *Somnium*. 1608.

Starkey, Natalie. *Catching Stardust: Comets, Asteroids and the Birth of the Solar System*. Bloomsbury Sigma, 2018.

Zubrin, Robert, and Christopher McKay. "Technological Requirements for Terraforming Mars." American Institute of Aeronautics and Astronautics, 2012.

第三章　进入外太空

Doyle, Arthur Conan. "The Horror of the Heights." Strand Magazine 46, no. 275 (1913).

Huygens, Christiaan. *Cosmotheoros: Or, Conjectures Concerning the Inhabitants of the Planets*. 1698.

——. *Treatise on Light*. 1690.

Maxwell, James Clerk. "A Dynamical Theory of the Electromagnetic Field." Philosophical Transactions of the Royal Society, 1865.

Swenson Jr., Loyd S. *Ethereal Aether: A History of the Michelson-Morley-Miller Aether-Drift Experiments, 1880–1930*. University of Texas Press Austin, 1972.

第四章　超越无限

Gott, J. Richard. *Time Travel in Einstein's Universe*. Houghton Mifflin, 2001.

Greene, Brian. *Light Falls: Space, Time, and an Obsession of Einstein* (audiobook). Audible Studios, 2016.

Hawking, Stephen. "Chronology Protection Conjecture." Physical Review D

46, no. 603 (1992).

Levin, Janna. Black Hole Survival Guide. Knopf, 2020.

———. How the Universe Got Its Spots. Princeton University Press, 2002.

Lossev, A., and I. D. Novikov. "The Jinn of the Time Machine: Nontrivial Self-Consistent Solutions." Classical and Quantum Gravity 9, no. 10 (1992).

Thorne, Kip S. Black Holes and Time Warps: Einstein's Outrageous Legacy. W. W. Norton & Co., 1994.

———. The Science of Interstellar. W. W. Norton & Co., 2014.

Wheeler, John Archibald. Geons, Black Holes, and Quantum Foam. W. W. Norton & Co., 1998.

图片版权

目录前图 , NASA/JSC; 前言前图 , Corey Ford/Stocktrek Images/Science Source; II–III, NASA, ESA, CSA, STScI; V, ESA/Hubble & NASA, M. Koss, A, Barth; 第一章前图 , NASA/Goddard Space Flight Center/Reto Stöckli; 2, Miguel Claro/Science Source; 6, Sergio Anelli/Electa/Mondadori Portfolio/Getty Images; 10, NASA/JSC; 11, Steven Kazlowski/Nature Picture Library/Alamy Stock Photo; 15, Science & Society Picture Library/Getty Images; 17, krunja/Adobe Stock; 18, Photo © GraphicaArtis/Bridgeman Images; 20, Jay Nemeth/Red Bull Stratos; 23, Carlos Clarivan/Science Source; 26–27, NASA/JPL-Caltech; 29, Hans Strand/Folio Images/Alamy Stock Photo; 36, NASA; 41, Michael Seeley; 42, NASA/MSFC; 44–45, NASA/Bob Nye; 46, Mark Thiessen/National Geographic Image Collection; 49, Mikkel Juul Jensen/Science Source; 55, Glenn Clovis; 56–57, Photo illustration by Marc Ward, with elements from NASA/Shutterstock; 59, NASA/JPL-Caltech; 60, Dr. J. Durst/Science Source; 62, Science Source; 66, NASA/SDO; 67, Science & Society Picture Library/Getty Images; 70–71, NASA/Johns Hopkins University Applied Physics Laboratory/Carnegie Institution of Washington; 75, Everett Collection; 79, Eckhard Slawik/Science Source; 85, Christian Jegou/Science Source; 88, Lynette Cook/Science Source; 92, Mark Garlick/Science Source; 95, New York Public Library/Science Source; 96, Mark Garlick/Science Source; 100, Lowell Observatory Archives; 102–103, Photo illustration by Stockbym, with elements from NASA/Shutterstock; 107, NASA/JPL-Caltech; 109, NASA/Johns Hopkins APL; 113, Enhanced Image by Gerald Eichstädt and Seán Doran (CC BY-NC-SA) based on images provided courtesy of NASA/JPL-Caltech/SwRI/MSSS; 118, NASA/JPL/Space Science Institute; 121, Ron Miller/Science Source; 123, NASA/Erich Karkoschka (Univ. Arizona); 127, NASA/Johns Hopkins University Applied Physics Laboratory/Southwest Research Institute; 130, ESA/Hubble & NASA, R. Sahai; 132, Everett

作者

尼尔·德格拉斯·泰森
(NEIL DEGRASSE TYSON)

美国家喻户晓的天体物理学家、科普作家，美国自然博物馆海顿天象馆馆长。先后获哈佛大学物理学学士、得克萨斯大学奥斯汀分校天文物理学硕士、哥伦比亚大学天文物理学博士学位，在普林斯顿大学做博士后。

曾获"斯蒂芬·霍金科学传播奖"、NASA 杰出公共服务奖章，被誉为"卡尔·萨根的接班人"。在热门科普节目 Star Talk、科普纪录片《宇宙：时空之旅》中担任主持人；在美剧《生活大爆炸》第四季中客串，饰演自己。

2001 年，小行星 13123 以他的名字命名为"13123 Tyson"。

合作者

琳赛·尼克斯·沃克
(LINDSEY NYX WALKER)

Star Talk 高级制片人和主笔。

译者

高爽

德国海德堡大学天文学博士，国家天文台博士后，曾任北京师范大学天文系讲师、硕士生导师，现为科普作家、翻译，得到 App《天文学通识》主理人。

图书策划　中信出版·新思文化

出版统筹　张益
策划编辑　黄丽晓
责任编辑　李文静
营销编辑　姜楠
装帧设计　APT

出版发行　中信出版集团股份有限公司

服务热线：400-600-8099　网上订购：zxcbs.tmall.com
官方微博：weibo.com/citicpub　官方微信：中信出版集团
官方网站：www.press.citic